大樂文化

大樂文化

大樂文化

LINE、星巴克教你成為1%的賺錢公司

只要學會一個動作，
就能創造10倍的驚人成長！

村井直志◎著　石學昌◎譯

CONTENTS

CONTENTS

CONTENTS

推薦序1

想創業、想投資，都要學會看財務報表

兩岸企業爭相指名的財報界講師　林明樟

前陣子收到大樂文化寄來本書的書稿，因為自己過去曾在上市公司擔任國際銷售主管，也有多次創業經驗，在閱讀過程中頻頻點頭認同：「這真是一本創業家與經營者必備的好書啊！」

經營企業是一門藝術，不僅要瞄準正確的目標市場（ART＝Aim Right Target），也必須採取正確的行動，讓策略落地執行（TRA＝Take Right Action）。經營企業好比駕駛大型飛機在空中飛翔，途中不會一直風和日麗，有時也會遇到雷電交加的暴風雨。為了讓飛機繼續航行，我們必須透過儀表板來瞭解飛機的整體狀況，而財務報表正是一家公司在經營過程中累積的「數字儀表板」，讓企業主或投資人快速掌握公司的整體經營面貌，這當中包含：

- **獲利能力**：這是不是一門好生意？公司的產品訂價是否有足夠的毛利，能夠支應經營過程中產生的各項成本與支出？因為企業經營最基本的要求是「活下來」，毛利高低便是活下來的第一道門檻。書中的前三課，分享的即是獲利能力的重要觀念。
- **經營能力**：如同餐廳的翻桌率，越高越好。為了幫公司創造更高的「資產翻桌率」，企業必須仔細瞭解自家公司的應收帳款、庫存等資產周轉率，並採取必要措施，進行各種改善，防止「企業三呆」（呆人、呆料、呆帳）發生。

世界各地都有各種不同的創業模式與故事，不管是哪一個業種，最後的平均成功率都低於一〇%。由此可見，創業是非常艱難的，除了要有「打死不退」的精神，更要善用經營資源，有效投資，避免浪費。

我想，作者村井直志一定是位經營高手。在本書的最後，他強調「不應只檢視數字，而要瞭解數字變化的過程」，而且將人員因素納入考量也很重要，因為所有數字都是團隊成員最後的成績單。

如果您同時具備對人與商業的敏感度，以及財務報表的相關知識，您一定會是成功的創業家或投資家。我誠摯推薦本書給各位，讓我們一起學習企業經營不可缺少的數字力吧！

推薦序2

讀懂數字背後的奧祕，企業才能永續經營

勤業眾信聯合會計師事務所會計師　戴信維

運用財務資訊來改善經營模式、提升營運績效，是每位企業經營者必做的功課。由於經營環境變化快速，經營者也面臨重大挑戰，如何建構強而有力的經營機制，創造源源不絕的豐厚利潤，著實考驗經營者的智慧。

誠如本書所提，具備獲利體質的企業必定懂得分析數字，瞭解數字變化的過程，並分析隱藏在各種數字背後的實質意義，才能將數字活用在經營管理上，讓企業更加壯大，並且永續經營。

本書作者認為，越是出色的經營者，越懂得審視和自身公司密切相關的各種財務

數據，同時運用隱藏在背後的非財務數據，交互比對，解構兩者的關係。如此一來，不僅可以針對經營狀況進行改善，也能提出因應對策，建構強大的獲利機制。

書中介紹許多活用數字的經營法則。例如檢視營業額時，要同時分析顧客數和客單價，若想增加營業額，必須注意提升數字的先後順序，先拉高客單價，再增加顧客數。在拉高客單價方面，應先提升購買商品數，再提升商品單價；在增加顧客數方面，則應先提高既有顧客的回流率，再開發新客源。

企業應確認各項成本與營業額的連動性，運用固變分解區分成本，並藉由檢視邊際收益，找出具邊際收益貢獻的優質顧客。這樣一來，企業便能對顧客進行篩選與分級管理，並回饋或獎勵對營收有貢獻的顧客，提高他們的忠誠度與消費頻率，獲利自然水到渠成。

只要設法降低固定成本或變動成本，企業的獲利能力與經營競爭力自然會跟著提高。藉由解析財務報表中的各項數字，找出資產報酬率與股東權益報酬率的關係，企業能夠防止財務槓桿失衡，經營管理失敗而面臨倒閉危機。重視營運資金與現金轉換循環，也可避免周轉不靈的情況發生。此外，運用平衡計分卡分析非財務指標，便能建構整體營運策略。

就我看來，卓越的企業經營應善用各種數字，持續進行變革管理，強化競爭力，最終獲取利潤。本書作者詳實彙整並解說世界知名企業的獲利公式，實有利於企業經營者學習與分享。

前言
LINE、星巴克……的獲利公式，都藏在會計數字裡！

在瞬息萬變的商場中，有一些企業的營收與利潤遙遙領先，例如IKEA、星巴克、7&I控股公司等，都可說是這種龍頭企業的代表。另一方面，也有許多企業始終陷在赤字虧損的泥沼裡，無法脫離經營困境。

本書的目的在於，**從會計角度深入剖析兩者的差異，並進一步闡明其中的奧祕，希望對各位的事業有幫助**。

「會計」是經營管理的基本關鍵字。為了讓讀者理解會計的本質，本書將以淺顯易懂的方式進行解說。若能使各位更認識經營管理必備的會計數字，將是我的榮幸。

長達二十多年的時間，我持續為各大企業提供經營諮詢、假帳調查，同時從事公開募股、事業重整、稽核及稅務等業務，前後協助約三千家公司分析財務報表。在這段漫長的過程中，我深切體會到，想強化經營管理，必須先徹底掌握「數字的奧祕」。

越是出色的經營者，越懂得仔細審視和自家公司密切相關的各種數字。他們之所以能大幅拉開和同業的差距，正是因為瞭解哪些數字會對自家企業產生深遠影響。除了每天的營收與利潤等財務數據，他們更懂得活用隱藏在背後的非財務數據，進而將數字當作經營指標，並迎向各種挑戰。

這些經營者總是不忘審視數字，一旦察覺某些不對勁的狀況，便立刻思考因應對策，因此建構出強大的獲利機制。本書將透過七堂課，介紹他們活用數字的經營法則。

法則1：拉高客單價。
法則2：提升顧客數。
法則3：篩選出優質顧客。
法則4：使事業快速周轉。
法則5：集中強化暢銷商品。

法則6：排除三種浪費。

法則7：從各種角度來檢視過程。

這七項法則將成為強化經營管理的基石（見圖表1）。

事實上，鮮少有人知道，營收和ROA（總資產報酬率）這類**財務指標**，往往也受到「每年讀一百本書」這類**非財務指標**的影響。相對地，被推崇為模範的經營者深知，「光是檢視營收等數據，無法塑造獲利體質」，所以才將強化經營管理時不可缺少的數字，當作溝通工具。

和強調「從各種角度檢視數字」的VBM（Value Based Management，企業價值經營）一樣，本書援引各種實例說明，日本ORENO股份有限公司（編註：日本餐飲集團，旗下有「我的義大利菜」、「我的法國菜」等著名餐廳）、軟銀（SoftBank）、星野集團和LINE等龍頭企業的強項，以及其經營者重點檢視的數字，與活用這些數字的技巧。只要學習這些數字奧祕並善加運用，就能在商場上無往不利。

想瞭解新創企業如何搖身一變，成為大型企業，不妨透過這些懷抱創新理念的經營者語錄，認識他們重視的數字，便能有所啟發，進而強化經營管理。本書提及的企業先進，皆以此獲得實際成績，我也曾親身體驗這樣的功效。

讓我們一起學習這些優秀經營者的思維，將數字作為溝通工具，廣泛地運用在經營管理上吧！

圖表1 創造獲利的鉅型理論

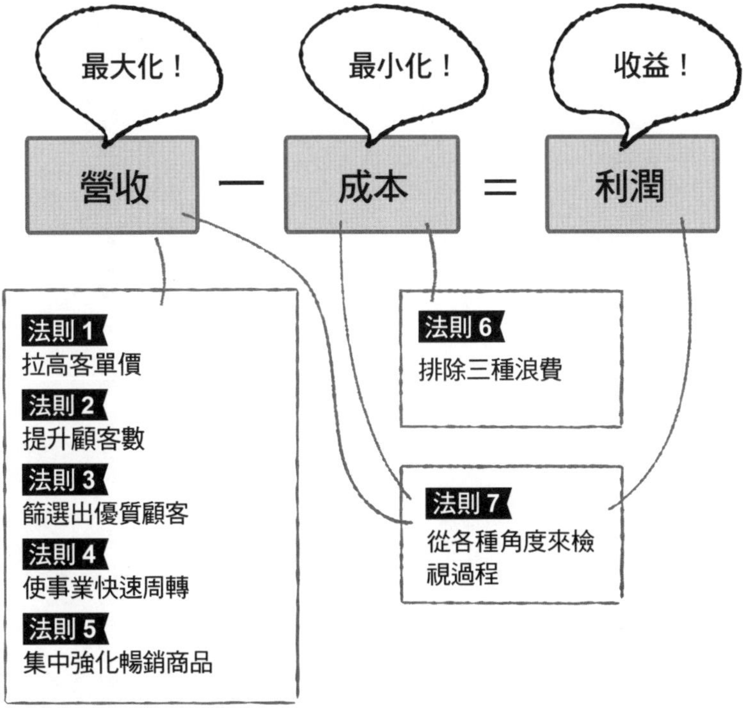

強化經營管理的祕訣

「將營收提升至極限，將成本壓至最低，利潤自然就會產生。」

——京瓷名譽董事長 稻盛和夫

「創新的關鍵並非重新定義商品，而是再次審視和商品的關係。」

——星巴克創辦人霍華·舒茲（Howard Schultz）

引自《勇往直前：我如何拯救星巴克》，霍華·舒茲、瓊安·戈登著

第 1 課

如何拉高客單價，又不會減少銷量？

為何賠錢公司通常敗在低價策略？

聽到「龍頭企業」一詞時，你的腦海裡最先想到怎樣的公司呢？若是日本企業，應該會聯想到以UNIQLO聞名的迅銷集團（Fast Retailing）、軟銀等，西方企業則多會想到蘋果、IKEA、星巴克等。

這些企業擁有驚人的銷售力與商品開發力，品牌形象也廣受消費者認同，營收和利潤自然遠遠超越同業，業績更是一路長紅。這些企業有一項共通點，**那就是將數字運用在經營上，並持續進行商務革新**。

無論是提升營收或降低成本，在平常的營運過程中，必定會出現許多創造獲利的機會。能透過數字掌握這些機會，便是我認定的強大企業。

強而有力的經營模式，必能創造源源不絕的利潤。這種創造獲利的能力，究竟代表什麼意義？企業提供商品或服務，並且從顧客身上取得相應的報酬。在這一連串過程中，隱含著什麼樣的數字呢？深入剖析這一點，是塑造獲利體質的第一項要訣。

在此，讓我們先看看計算營業額的算式。

營業額＝客單價（Price）×顧客數（Quantity）

當客單價越高且顧客數越多時，營業額自然跟著提升。但是，我們不能只憑「前期業績表現優秀」、「本期業績僅達成預估業績的九成」等觀點來評斷。

擁有獲利體質的企業一定懂得分析數字，並解析隱藏在各種數字背後的實際意義。說得更直接一點，**就是將數字分解為「P×Q」，並進行觀察**。這正是強化經營管理的首要關鍵（見圖表2）。

- **將營業額分解為P×Q**。
- **思考它們增加、減少的根本原因**。
- **思考該如何提高P×Q**。

想強化經營管理，就不能不理解和剖析這類數字。本課開頭引用星巴克創辦人霍華．舒茲的提醒：「**創新的關鍵並非重新定義商品，而是再次審視和商品的關係**」，同樣可以套用在對數字的理解上。

重新審視營業額和P×Q的關係。

這正是塑造獲利體質、邁向企業革新的第一步。只要認知到P×Q的存在，就等於對經營必備的數字瞭解一半。

- **P和Q當中存在何種要素？**
- **如何將P和Q運用在經營管理上？**
- **想提高P和Q，應採取何種對策？**

只要深入理解這些數字，就能強化經營管理。

接下來，讓我們進一步探索P和Q的組成要素吧！

圖表2　將數字細分，解析背後的實際意義

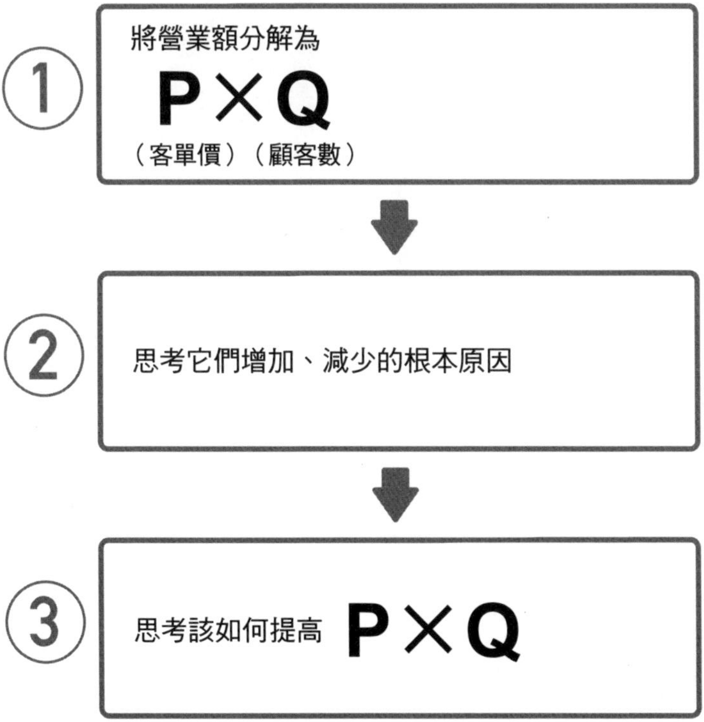
①
將營業額分解為
P×Q
（客單價）（顧客數）
②
思考它們增加、減少的根本原因
③
思考該如何提高 P×Q

強化經營管理的祕訣

將數字分解為「P×Q」來思考。

如何提升售價，又不會減少銷量？

瞭解「重新審視營業額和P×Q的關係」，是強化經營管理的關鍵後，接著我們思考隱藏在營業額背後的各種要素。如此一來，27頁提到的內容也將得到驗證。

所謂的營業額，是先有顧客才能夠成立。因此，只要透過顧客來審視營業額，便能找出客單價、顧客數等數字，「單價×數量」的算式也會跟著成立。

❶營業額＝客單價×顧客數

在算式❶當中，若從購買者的角度來看客單價，可視為「每位顧客的購買金額」。若從銷售者的角度來看，則等於「賣給每位顧客所獲得的營業額」。

舉例來說，當顧客瀏覽美食網站 Tabelog（編註：日本美食網站，網羅日本各地餐廳的資訊，並提供網友評價）時，網頁上會顯示「消費預算為一千日圓」。這表示

「每位顧客支付的餐飲費用約為一千日圓上下」，這個數字呈現的便是客單價。

計算客單價並不困難，只要將營業額除以顧客數，即可輕鬆算出。

❷客單價＝營業額÷顧客數

請各位仔細看過算式❷後，花三秒鐘思考該如何提高客單價。

答案有兩個，一是提升營業額，二是減少顧客數。後者乍看似乎有悖常理，因為一般人都認為，顧客數一旦減少，營收也會跟著降低（這一點將在第3課詳述）。這裡，我們先針對前者進行解析。

所謂的營業額，等同於「客單價×顧客數」，也就是：

- **要賣給誰（顧客）**？
- **要賣什麼（商品或服務）**？

我們可以藉由這兩種觀點，來審視「銷售商品或服務給顧客」代表的涵義，進而將其化為數字來分析，這便是塑造獲利體質的關鍵。

便利商店的營業額，等於每一張發票加總後的數字

如果各位拿起便利商店的發票來看，上面應該寫著「茶一百日圓×一」、「飯團八十日圓×二」、「合計兩百六十日圓」等數字。將發票上的數字逐一加總，即可算出便利商店的營業額。

每天的營收總和稱為**日營業額**，每個月的營收總和稱為**月營業額**，每年的營收總和則稱為**年營業額**，皆可用下列算式來表示：

❸便利商店的營業額＝各項商品的單價×各項商品的銷售數量

算式❸用一般寫法，則可改為算式❹：

❹營業額＝單品單價×銷售數量

這裡可以導入「顧客數」，將算式❹中的「銷售數量」改為「（銷售數量÷顧客數）×顧客數」。因為「賣給每位顧客所獲得的營業額」可由「購買商品數」算出，「銷售數量÷顧客數」就變成「銷售數量＝購買商品數×顧客數」。簡單來說，營業

額可以由下列算式算出：

❺營業額＝單品單價×購買商品數×顧客數

請再次回想「營業額＝客單價×顧客數」的算式，並與右邊的算式❺做比較。如此一來，會發現「顧客數」不變，剩下的「單品單價」、「購買商品數」和「客單價」則相互影響，並得出下列算式：

❻客單價＝單品單價×購買商品數

只要仔細審視算式❻，即可發現當單品單價或購買商品數增加時，客單價便跟著提高（見圖表3）。

事實上，比起一瓶一百日圓的普通茶，若能多賣出一瓶三百日圓的高級茶，客單價也會拉高，而當每位顧客購買的商品數量增加時，客單價也會提升。也就是說，為了拉高客單價，我們必須先思考以下事項：

● **要以多少錢（P）賣給顧客→單品單價**

●能夠賣給顧客多少數量（Q）↓購買商品數

只要像這樣分解客單價，便能發現其背後隱藏著「單品單價（P）×購買商品數（Q）」這樣的相互關係。企業可以從這個角度多下功夫。

圖表3 當客單價拉高時，營業額便跟著提升

客單價 ＝ 單品單價 × 購買商品數

要以多少錢（P）賣給顧客？ ➡ 單品單價

能夠賣給顧客多少數量（Q）？ ➡ 購買商品數

強化經營管理的祕訣

藉由「單品單價×購買商品數」來思考客單價。

案例：日本眼鏡潮牌JINS，用訂價法突顯價值差異

「提升單品單價」當中的「單品單價」，是指每一單位的商品或服務，例如一個飯團等。

單品單價＝營業額÷銷售數量

想有效提高單品單價，可以採用日本自古使用至今的「松竹梅法」（譯註：日本常用的商品等級區分法，最高等級為松，其次為竹，最後為梅，可見於便當、壽司等各種商品）來區分商品等級。以下三家企業是成功實行這個方法的典型案例：

● 以連鎖理髮店 QB HOUSE 打響名號的「QB NET」。

- 銷售ＪＩＮＳ品牌眼鏡的「JIN CO., LTD.」。
- 以 Soup Stock Tokyo 拓展湯品專賣店的「Smiles Co., Ltd.」。

這三家企業販售的商品分別是理髮服務、眼鏡和湯品，雖然業種相差甚遠，但都能透過**巧妙的價格設定**，創造出亮眼的業績。他們之所以採用松竹梅這種價格設定，是因為**顧客容易理解，店家也方便向顧客說明**。

比方說，QB HOUSE 的剪髮價格固定為一千日圓，時間是十分鐘。該企業打出這樣的文宣：「如果只是要修剪頭髮，十分鐘就綽綽有餘」，讓消費者接受他們的服務。

ＪＩＮＳ將眼鏡價格設定在三千九百至九千九百日圓，並分為四種等級。即使顧客有高度數或超薄鏡片等特殊需求，價格也都落在這個區間，於是顧客能安心選購眼鏡。

另外，Soup Stock Tokyo 也注意到價格設定的重要性，因此將湯品價格訂為七百八十日圓和九百五十日圓兩種，使得業績突飛猛進。

Smiles 社長遠山正道曾說：

> 客人光是挑選湯品，就會因為種類太多而不知如何選擇，如果再加上價格差異，往往會造成他們選購時的困擾。所以，我們決定盡量以不造成顧客困擾的方式來提供商品。（引自《用湯品打天下：商人打造的Soup Stock Tokyo》，遠山正道著）

也就是說，只要效法這些企業，將價格設定得一目瞭然，就能吸引顧客上門消費。

明確設定出價格差異

另一方面，也有許多公司的商品價格十分混亂。

我曾經造訪電視上經常介紹的一家知名溫泉旅館。不知是否因為業績不佳的緣故，不論是新推出的伴手禮或餐廳裡新增的菜色，每一樣商品的毛利看起來都很高。但相較於品質，價格偏貴，而且各項商品的價格落差也很大，自然很難吸引顧客消費。

就像這家溫泉旅館一樣，當商品或服務的售價設定出現問題時，不僅導致單品單價下滑，也可能造成業績滑落的壓力，必須特別留意。

造成單品單價下滑的原因，主要有以下三項：

①相較於商品的實際價值，價格設定得太低或太高。

②價格區間過於混亂。

③缺少如同松竹梅般明確的價格差異。

如同第1點指出，當顧客反應：「這樣的東西竟然賣這種價格」時，可能會產生正面效果，也可能出現負面影響。如果價格太便宜，顧客可能會有疑慮：「這東西真的沒問題嗎」，如果太昂貴，顧客則會反彈：「我才不需要這麼貴的東西！」

第2點「價格區間」也是必須注意的重點。若能將商品的價格鎖定在一個區間，顧客在選購時就可以省下不少時間。例如：QB HOUSE 便是以這樣的方式獲得成功。但是，也可能被顧客詢問：「沒有其他選擇嗎？」相反地，某些顧客也可能因為價格區間過多而不知如何選擇。至於以低價商品為首選的顧客，也會希望價格再降低一點。由此可見，**設定價格確實是很困難的經營課題**。

關於第3點提到的松竹梅，各位不妨想想鰻魚餐廳就能瞭解。「松」等級的鰻魚飯裡放了兩尾鰻魚，「竹」等級有一尾，而「梅」等級只有半尾。如此一來，顧客便能從差異明確的餐點內容，來理解設定價格區間的用意。

但實際上，有時仍有價格不明確的狀況。例如，漁貨量不佳導致鰻魚的進貨價格提高，但店家沒有向顧客仔細說明，就逕自反映在售價上，或是減少鰻魚的分量，這些做法都會導致**失去顧客的信賴**，請特別留意。

第1到第3點的共通點在於，對售價的說明模稜兩可。也就是說，賣方必須站在顧客的立場，說明商品或服務的定價如何決定。只要做到這一點，不僅能防止單品單價下滑，還能提升單品單價（見圖表4）。

圖表4　透過一目瞭然的價格設定來提升營收

「松竹梅」這種商品等級區分法，是日本自古使用至今，能夠有效提高單品單價的方法。

強化經營管理的祕訣

設定清晰易懂的價格，就能吸引顧客上門消費。

案例：樂天市場不降價，但以回饋點數刺激顧客買更多

另一項拉高客單價的方法是「增加購買商品數」。舉凡成批銷售、組合式銷售、加購促銷等都包含在內（見圖表5）。

成批銷售的好處在於，可以運用「搭售」（bulk）的方式將商品成批出清。所謂的搭售，是指不論商品優劣，將大量商品混合包裝銷售，藉此降低不良品庫存。百貨公司常見的福袋便是典型的例子。

有句話說：**「庫存就是罪惡。」**無法售出的庫存等同於將投入的金錢凍結，毫無作用可言。透過成批銷售將庫存轉換成現金，便能回收資金，轉作其他投資或用來償還借款。

所以，賣方容易陷入「盡量減少庫存，以增加現金」的思維。然而，一旦成批銷售的手法不當，很可能失去顧客的信賴，不僅會流失客源，甚至連忠實顧客都可能離

去。

設定具吸引力的加購內容，拉高客單價

想增加購買商品數時，可以採用近年流行的優惠策略來進行促銷。比方說，日本樂天市場的集點活動就是很好的例子。

針對在樂天市場購物的顧客，樂天會依其消費金額回饋相應的點數。過去六個月內集點滿兩次，並獲得兩百點以上，可成為白銀會員，接下來根據實際購買金額，由黃金、白金、鑽石等級依序向上提升。不同等級的會員可以參加各種不同的優惠活動，這便是依照顧客消費數據來提供回饋的手法。

其主要特色在於，讓顧客感受到「只要這個月內再消費一次，就能升級成白銀會員」這樣的吸引力。於是，顧客可能會購買自己並沒有那麼需要的東西，藉此提升會員等級。

這種加購促銷的模式，在我們日常生活中隨處可見。例如：

● 紳士服專賣店「第二件半價」。
● 網路購物「滿五千日圓免運費」。
● 伴手禮名店「買兩件現折一〇%」。

這類藉由「多買多送」來促銷的手法，能夠有效提升購買商品數和客單價。又例如，在各位平常光顧的便利商店或超市的收銀台前，會放置糖果或口香糖等小件商品，這也是誘發顧客加購心理的策略之一。

所謂的毛利，是指用銷售金額扣除進貨成本後所獲得的利潤。當加購商品屬於高毛利商品時，能創造更龐大的獲利。但也有商家因為過度重視毛利，造成無法挽回的失誤。

過去，星巴克曾因為著重加購促銷而犯下錯誤。當時，星巴克的門市裡堆滿小熊布偶，某次創辦人霍華・舒茲來到店裡，指著那些布偶問：「那是什麼東西？」

圖表5　增加商品購買數，拉高客單價

❶ 成批銷售　以一組或一箱為單位銷售。

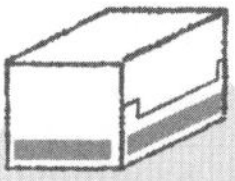

❷ 組合式銷售　如百貨公司的福袋或整袋銷售。

❸ 加購促銷　如超市或便利商店的收銀台前放置的口香糖或糖果等。

若失去顧客的信賴，則是本末倒置！

強化經營管理的祕訣

設法提升商品購買數。

店長語氣平淡地回答：「這麼做可以提升營收，也能創造可觀的獲利。」當時，這樣的想法在星巴克各門市蔓延開來，情況十分危險。（引自《勇往直前：我如何拯救星巴克》）

所謂的加購促銷，只是順便推銷，並非一味賣出商品就好。因為很多人都會犯這種錯誤，希望各位謹記在心。

話說回來，目前「星巴克熊寶寶」在日本一隻約賣兩千日圓，但只有少數幾隻，放在門市裡當鎮店之寶。

提高售價與增加來客數，哪一個優先？

想強化經營管理，必須注意**「提升數字的先後順序」**。**先拉高客單價，再以增加顧客數為目標**。在拉高客單價的過程中，應優先提升購買商品數，再提升單品單價。在顧客數方面，則應優先提高既有顧客的回流率，再開發新顧客。這就是塑造獲利體質的法則，其進行順序如下（見圖表6）：

① **拉高客單價（增加購買商品數↓提升單品單價）**。

② **增加顧客數（提高既有顧客的回流率↓開發新顧客）**。

如果違法反這個法則，便難以創造出合理利潤。話雖如此，若要開發新顧客，就必須投入廣告宣傳費，以及該業務負責人的人事費等，在獲得成效之前，往往會先花費更多支出。

由於先投入經費會影響資金周轉，因此多數企業都會先考量公司的收益狀況才採取行動。如此一來，不僅公司內部的氣氛變差，銷售循環（編註：指從接受顧客的訂單開始，經過審核信用條件、發送商品、開具發貨票、登記應收帳款或應收票據、處理銷售退回與銷售折讓、計提壞帳準備、註銷壞帳等流程，最後轉化為貨幣資金）也會停滯不前。

- **「你給我去賣就對了！」↓造成虛報營收或強迫推銷。**
- **「用裁員來削減成本！」↓導致員工士氣低落，適得其反。**
- **「怎麼做都行，只要能夠獲利就好！」↓容易造成做假帳等負面財務狀況。**

為了避免這種惡性循環，必須確實按照「拉高客單價後，再增加顧客數」的順序進行（增加顧客數的方法將在第2課詳述）。

圖表6 客單價和顧客數，應以何者為優先？

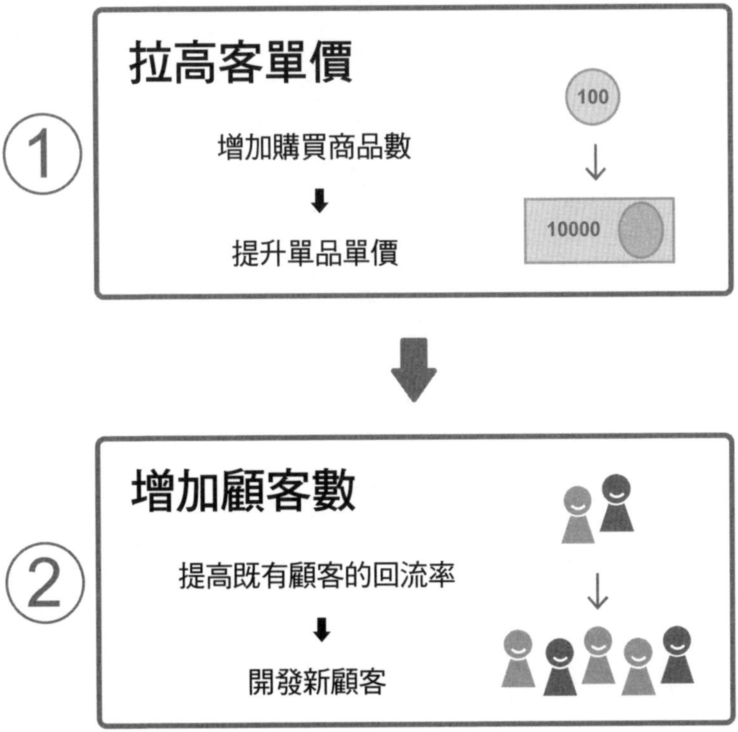

強化經營管理的祕訣

先拉高客單價，再以增加顧客數為目標。

讓顧客驚嘆：「這種商品真是少見！」

最後，必須創造「**關鍵差異**」。市場上充斥著大同小異的商品與服務，因此關鍵差異便是決定消費者是否購買的主要因素。

或許是因為現今消費者已經習慣通貨緊縮，導致很多公司陷入「只要便宜，消費者就會買單」的思考模式。但是，這樣的思維會將公司徹底導向失敗。消費者大多同時考慮價格和品質，所以光是價格便宜，很難勾起他們的購買慾。

消費者追求價廉物美、市面少見、具有高級感、令愛好者難以割捨等商品特色。透過上述觀點，讓消費者認同自家公司的商品或服務，並成為固定回流的顧客，使商品或服務得以持續銷售，才能達成強化經營管理的目標。

不可否認地，確實有許多消費者以價格為優先考量，但將他們視為主力客群並非良策。只以廉價作為賣點的商品，往往了無新意，將面臨許多同業的競爭。而且光靠價格優勢，想在市場上立足也遠比想像中困難。

因此，今後若想以低價打入市場，沒有先做好「匯集龐大資本，將餅做得更大」的覺悟，最好趁早打消念頭。

言歸正傳，吸引消費者的關鍵差異究竟是什麼？只要各位繼續往下閱讀，就能瞭解其中的奧祕。

案例：星野集團不斷以商品便利性，與競爭者拉大差距

本課開頭提到，星巴克CEO霍華・舒茲曾指出：「創新的關鍵並非重新定義商品，而是再次審視和商品的關係。」這個論點對各行各業都適用。重新審視與顧客的關係，是塑造獲利體質不可缺少的關鍵。

在我們周遭，充斥著各種商品與服務。若能重新審視這些商品或服務與顧客的關係，便能進一步拉高客單價並增加營收。iPhone 等智慧型手機就是很好的例子。

二〇〇八年七月，iPhone 在日本上市，當時日本幾乎人手一支掀蓋式手機。然而，即使手機市場已經飽和，當智慧型手機問世時，由於它具備觸控式螢幕和電腦功能，仍然創下亮眼的銷售成績。

讓商品更容易購買，提升營業額

在審視與顧客的關係時，必須理解「商品是否容易購買」、「是否方便取得」及「**是否提供無形價值**」，和提升營業額的關聯。

比方說，日本星野集團格外重視商品的取得過程，董事長星野佳路曾表示：

> 要藉由其他要素做出差異化相當困難，但透過網路或從國外預約等方式，能讓購買旅遊商品變得更容易，而此種做法在業界尚未建立明確的標準。（引自《實現競爭優勢的Five Way Positioning策略》，佛瑞德・克勞佛、萊恩・馬修斯合著，星野佳路修訂）

經營高級度假飯店的星野集團，注意到簡化商品取得過程，也就是提供無形價值的重要性。他們經過重新審視，針對簡化顧客預約流程下足工夫，為了凸顯和其他同業的差異，其網站也能以多種語言瀏覽。

各位的公司**若試著以「與顧客的關係」為核心，重新審視經營模式，必定能創造出許多嶄新的價值**（見圖表7）。

舉例來說，星野佳路曾指出，需加強公司網站的便利性。這當中有各種可以進行改善的細節：

- 加入十國語言（多元）。
- 在五秒內確定預約是否成功（迅速）。
- 網路預約只需要三個程序（簡便）。

星野集團之所以成功改善預約系統，關鍵就在於數字。只要仔細審視維繫顧客關係的數字，便能賦予商品全新的附加價值，並將營收和利潤回饋到企業身上。

圖表7　創新就是重新審視與顧客的關係

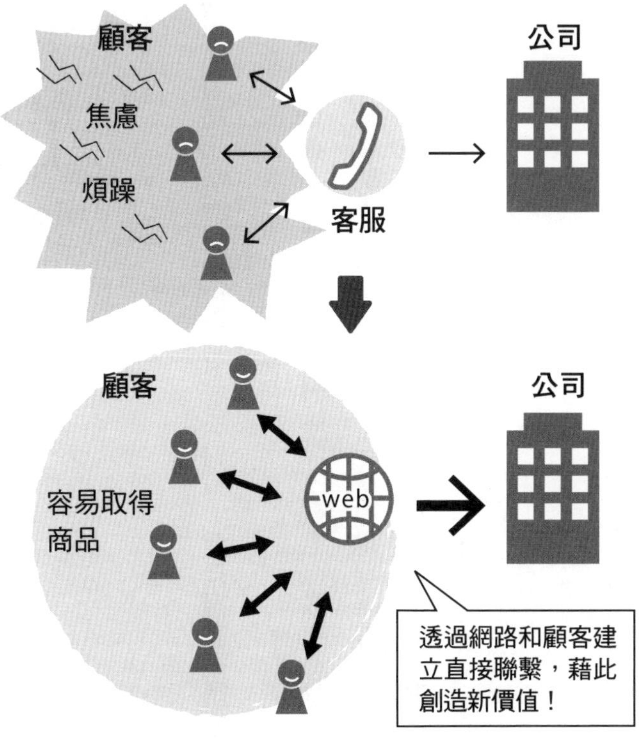

強化經營管理的祕訣

重新審視和顧客的關係，創造嶄新的價值。

案例：7-11用AIDMA法則，打造出直擊人心的文案

雖然設定價格相當困難，但仍有解決對策。**運用攬客術語或宣傳文案**，便是其中一種方法。

「歡迎進來看看！我們家的商品別具特色喔！」這就是攬客術語。這類用語源自日本歌舞伎等傳統戲劇，在正式開演前，由演員以口述方式進行暖場的表演。這些內容經由文字化，演變成說明書，並衍生出傳單和海報，最後進化為宣傳文案。

只要觀察周遭，就會發現宣傳文案做得越好的企業，越能聚集人氣（見圖表8）。例如：

- UNIQLO HEATTECH 吸溼發熱衣的宣傳文案為「吸溼溫暖，不感悶熱」。
- QB HOUSE 的宣傳文案為「十分鐘讓你煥然一新」。

圖表8 強大的銷售力來自出色的宣傳文案

UNIQLO HEATTECH
吸溼發熱衣

➡ 「吸溼溫暖，不感悶熱。」

QB HOUSE

➡ 「10 分鐘讓你煥然一新。」

日本 7-11 的咖啡

➡ 「每一杯都是現烘現煮。」

強化經營管理的祕訣

設計出打動顧客的宣傳文案。

● 日本7-11咖啡的宣傳文案為「每一杯都是現烘現煮」。

以上三句文案都十分簡潔，充分展現出各家企業商品的特色與本質。UNIQLO著重商品功能，QB HOUSE 強調服務，7-11則主打美味。將自家公司的業務或商品內容，以簡單易懂的形式傳遞給顧客，是這些企業獲得成功的不二法門。

在描述商品時，必須注意一項重點，那就是**為商品或服務下定義，將它們的價值最大化**。換句話說，就是必須**設計出打動顧客、震撼人心的宣傳文案**，藉此獲取顧客的共鳴，使他們產生期待和願意嘗試的興趣。

事實上，市面上絕大多數的商品和服務都很類似。想使顧客願意嘗試自家商品，就得強調自家商品和其他商品的差異。要觸動顧客內心的需求和不安，必須以文字呈現出商品具備的優勢（**Unique Selling Proposition，縮寫為USP，專屬強項**）。

在設計宣傳文案時，可以加入開發過程中的各種插曲，搭配名人或權威人士的推薦文，強調商品對顧客有何助益，以及不使用會有什麼損失等，也就是透過**AIDMA**的觀點來思考宣傳文案的內容。

所謂的AIDMA，是指引起顧客注意（Attention）、使顧客產生興趣（Interest）、喚醒顧客需求（Desire）、使顧客記住商品（Memory）、讓顧客願意購買（Action）等一連串的循環。

為了吸引門外的顧客，必須讓他們瞭解，使用該商品可以獲得什麼好處，強調商品的嶄新特點，藉此激發顧客的好奇心，並以淺顯易懂的方式傳達。如此一來，顧客必定會產生「值得一試」的想法。

- **能否精準傳達商品或服務的內容與本質？**
- **如何設計出能提高附加價值的文案？**

隨時思考這些重點並力求精進，必定能強化經營管理，並順利拉高客單價。

說個題外話，某家外資金融機構花了數億日圓裝飾公司的大門。因為該機構的經營者認為：「金融業是高風險產業，所以至少要有足以贏得顧客信賴的豪華玄關。」

重點整理

- ☑ 業績一路長紅的企業，都將數字運用在經營上，並持續進行商務革新。
- ☑ 賣方容易陷入「盡量減少庫存，以增加現金」的思維。然而，一旦成批銷售的手法不當，很可能失去顧客的信賴，不可不慎。
- ☑ 想塑造獲利體質，必須先拉高客單價，再以增加顧客數為目標。
- ☑ 重新審視與顧客的關係，賦予商品全新的附加價值，就能提升營收和利潤。
- ☑ 用宣傳文案呈現商品優勢，獲取顧客的共鳴，讓他們產生願意嘗試的興趣，是刺激消費的好方法。

編輯部整理

另一方面，企業應該都擁有既有顧客。這些顧客為何願意持續上門消費呢？是因為價格便宜、商品高級，還是交通方便？

顧客會持續消費的原因各有不同，但可以確定的是，**企業必定對既有顧客提供「唯有這裡才能獲得」的價值。滿足消費者的價值觀，正是企業的優勢**。因此，只要強化自家企業的優勢，就能提升既有顧客的回流率。

具備獲利體質的企業，不僅瞭解自身的**優勢（Strength）和弱勢（Weakness）**，也能確切掌握外部的**機會（Opportunity）和威脅（Threat）**。所謂的「SWOT分析」，便是取這四項要素的第一個英文字母組合而成，是用來分析企業內部與外部因素的工具。

若進一步深入經營第一線，則可以運用將SWOT各項要素相乘計算的「**SWOT交叉分析**」（見圖表9），以「S×T」或「W×O」等項目來檢視，並依此擬定策略目標。透過這種方式理解自家企業的獨特優勢，有助於拉攏顧客。只要積極推廣這些優勢，便能吸引顧客上門消費。

想將營收提升至最高，必須深入理解自家企業的事業結構，這是絕對不可缺少的關鍵。

圖表9 透過SWOT交叉分析來擬定策略目標

			內部因素	
			優勢（Strength）	弱勢（Weakness）
			・無負債經營。 ・高品質、低價格（擅長開發商品）。 ・擅於管理庫存。 ・優秀的銷售人員。 ・有效的廣告宣傳。 ・東亞第一的品牌。	・「柳井商店」（過度依賴社長，見註①）。 ・日本國內的UNIQLO業績低迷。 ・業績容易受到天候影響。
外部因素	機會（Opportunity）	・國外市場具備成長潛力。 ・在不同領域有發展機會。 ・優秀人才得以流動。 ・全球形象大使十分活躍（如網球選手錦織圭、喬科維奇等人）。	S×O（根據優勢善用機會）	W×O（根據弱勢掌握機會）
			・以成為世界唯一的LifeWear為目標。 ・在世界各地拓展正式的營運計畫。 ・努力尋求世界上最適合營運的地點。 ・在世界主要都市正式進行研究開發。 ・設置全球旗艦店。	・盡早擺脫「柳井商店」的束縛（培育後起之秀）。 ・透過全球總部統籌營運。 ・創造現實與虛擬世界結合的全新產業。 ・邁向以銷售人員為主力的分店經營模式。
	威脅（Threat）	・日本國內市場低迷。 ・對快速時尚感到厭倦。 ・外國平價品牌進駐 ・被輿論批判為黑心企業。	S×T（根據優勢閃避威脅）	W×T（閃避弱勢和威脅的最差對策）
			・放眼世界最高水準的直營企業（建構全球生產網路）。 ・和其他全球化企業、團體合作。 ・打造廣受世界喜愛的核心商品（透過吸溼發熱衣等商品，強化品牌形象）。	・提高員工滿意度，並促使他們成長（提供多樣化的工作機會）。 ・加強CSR活動（見註②）的相關配套（如瀨戶內橄欖基金等）。

此為 UNIQLO 的案例，是根據該公司網頁編寫而成。

註①：UNIQLO 社長柳井正一手掌控企業經營，並打算將社長的位子交棒給兒子，因此被外界戲稱為「柳井商店」。

註②：Corporate Social Responsibility，意指企業社會責任。

案例：Zappos網路鞋店用顧客矩陣與NPS，篩出主力客群

本課開頭引用7&I控股公司的前身「伊藤洋華堂」創辦人伊藤雅俊的主張：「有了顧客，商業買賣才能成立。」這句話其實還有後續：

> 首先，我們必須站在顧客的立場思考。接著，提供滿足消費者需求的商品，使他們成為顧客。不斷增加顧客，是商業買賣的基本原則。如果少了顧客，買賣絕對無法成立。（引自《伊藤雅俊的經商之道》）

讓消費者成為顧客並滿足其需求，確實是相當合理的論點。許多建構出獲利機制的企業先進，也曾提過這一點，應該無庸置疑。問題在於拉攏顧客之後。

事實上，也有經營者對這個論點抱持不同的看法：

> 獨創性並不是用來增加顧客的策略。我認為，其真正意義在於「被一半的顧客討厭」。如果要以獨創性為目標，一開始就應捨棄一半的顧客。（引自《FRESHNESS BURGER 親手打造的創業紀錄》，栗原幹雄著）

提出這個主張的人，是在東京市中心創立日本連鎖速食店 FRESHNESS BURGER 的創業家栗原幹雄。他認為，一味增加顧客數沒有任何意義，但這種現象是許多行業的共通問題。

測定顧客好感度的NPS

栗原幹雄認為，針對「一半的顧客」努力經營，將使銷售更快步上軌道。我和我周遭的企業經營者，也都證實這一點。

過去我工作的每家會計事務所，都會進行代理記帳業務（編註：指將公司的會計核算、記帳、報稅等一系列會計工作全部委託專業記帳公司完成，公司內只設立出納人員，負責日常貨幣收支業務和財產保管等工作），後來都被我取消。結果，這些企業的經營狀況就此產生良性循環。另外，我獲得大型出版社青睞，每年都發表著作，也是因為專注於「一半的顧客」所獲得的成果。

事實上，我們周遭本來就存在**值得保留的顧客**和**不值得保留的顧客**，能夠區分這兩者非常重要。然而在現實當中，卻有許多經營者將兩者混為一談，導致經營管理出現問題。

無論是爭取新顧客或維繫既有顧客，都必須投入資金，如果不懂得區分顧客，就會耗費無謂的成本。因此，**越是在經營上捉襟見肘的公司或組織，越要善用有限資源，仔細區別顧客差異**。

具體的顧客區別法可參考圖表11的「**顧客矩陣**」（73頁），其中縱軸代表顧客對公司商品或服務的好感度，橫軸則代表銷售成績，藉此將顧客區分為「可銷售顧客」和「不可銷售顧客」，再從中篩選出一半的顧客。

橫軸的銷售成績代表「各客群的銷售額」，應該不需多加說明。至於縱軸「對公司商品或服務的好感度」，則可解釋為購買頻率與持續購買年數，或是「消費單價高的主力客群」。也就是說，客單價可以用好感度來表示。

此外，朋友或熟客將公司商品或服務介紹給新顧客的可能性（推薦度），也可視為好感度。說得更具體一點，我們可以這樣詢問顧客：「若要你評量本公司（商品或服務），一〇分是滿分，你會給幾分呢？」

針對這個問題，顧客的回答可分為三種。若回答落在①〇～六分，表示該顧客對商品或服務抱持批評意見，②七～八分表示持中立看法，③九～一〇分則代表該顧客願意推薦該商品或服務。接著，再統計三種回答的比例。舉例來說，若①佔整體的一〇％，②二〇％，③七〇％，好感度即為③七〇－①一〇＝六〇。

這項好感度測定指標，就是Bain & Company的弗瑞德・瑞克赫爾德（Fred Reichheld）提倡的**NPS（Net Promoter Score，淨推薦值）**，用來測定公司商品或服務有多少推薦者，以及擁有多少顧客忠誠度（見圖表10）。

包含在日本全國推廣健身俱樂部的Renaissance、亞馬遜旗下的網路鞋店Zappos和星野集團等，都善用NPS這項指標，使業績逐年提升。

圖表10 NPS 是測定顧客好感度的指標

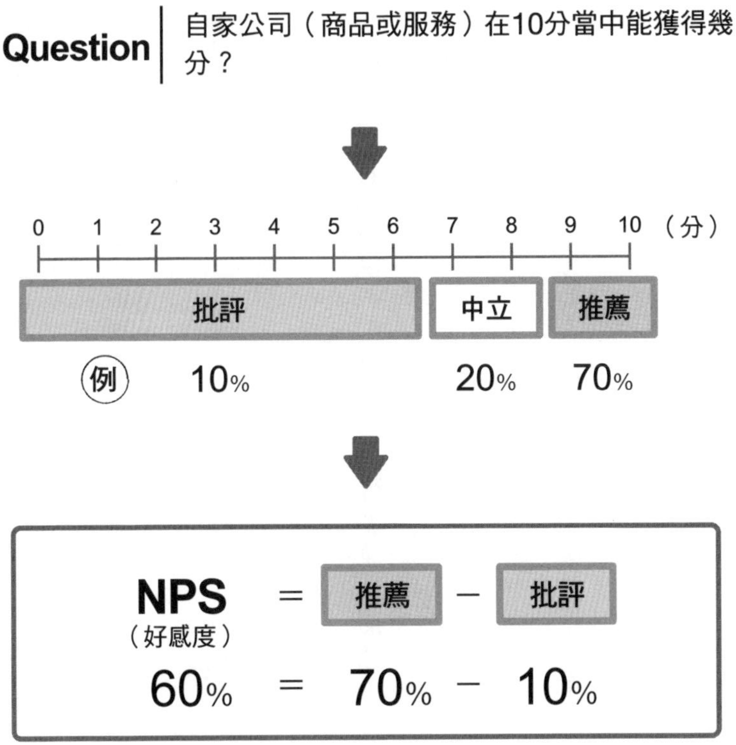

強化經營管理的祕訣

藉由 NPS 來掌握顧客好感度。

篩選出主力客群的顧客矩陣

在圖表11的顧客矩陣中，最重要的是右上區塊。A公司具備高忠誠度，也有銷售成績，是值得保留的既有顧客。

對於能帶來獲利的顧客，企業必須盡全力保留。也就是說，**為了讓既有顧客變成忠實粉絲，必須擬定相應的策略**。成為粉絲的顧客會陸續向他人推薦商品：「那家公司的〇〇商品真的很好用喔」，透過口碑相傳，為企業吸引新顧客。

另一方面，圖表11右下區塊的B公司，雖然有銷售成績，顧客忠誠度卻不高。其中還包括總是要求折扣優惠，無法為企業帶來獲利的顧客。這些顧客看見其他公司推出贈品或優惠時，會立刻見風轉舵，捨棄原本商品或公司。對於這類既有顧客，不需費盡心思保留，採取「來者不拒，去者不追」的態度即可。

像這樣將既有顧客逐一分類，並努力留住主要客群是很重要的。

圖表11 用顧客矩陣來篩選顧客

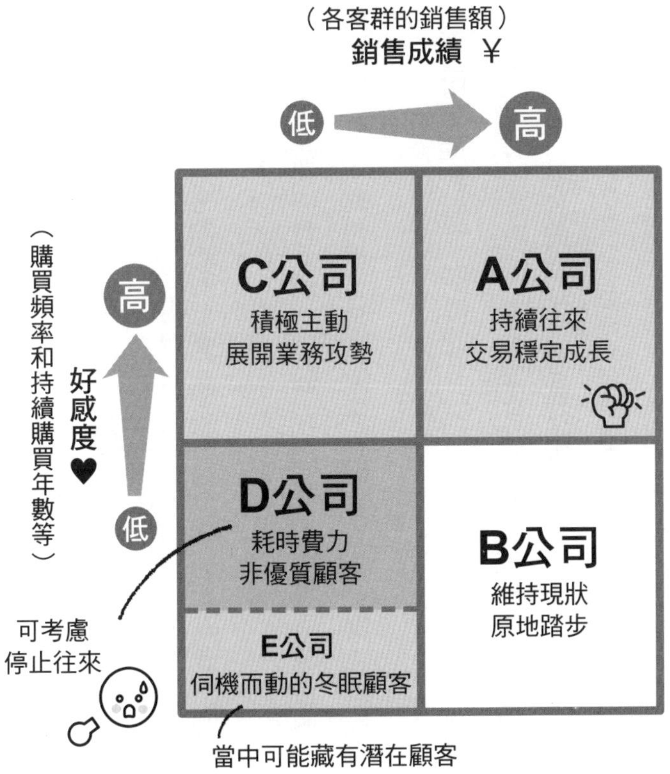

強化經營管理的祕訣

抱持捨棄一半顧客的覺悟。

抱持捨棄一半顧客的覺悟

除此之外，企業也必須努力開發新顧客。

圖表11左上區塊的C公司，屬於今後希望持續往來，並使其成為自家顧客的新顧客。企業應積極爭取這類顧客，然而有時也會碰到新顧客未能帶來獲利的情況，因此仍須留意顧客的結構。

圖表11左下區塊的D公司，屬於忠誠度低，銷售成績也偏低，需要費心經營卻利潤微薄的新顧客。由此可見，無論開發新顧客有多重要，都無須在這類顧客身上投注過多心力。

另一方面，位於左下區塊的E公司也應積極爭取。此類顧客又稱為**「冬眠顧客」**，過去雙方曾有過交易，但後來對方基於某些原因選擇離開。從這些過往顧客進行開發，經常會有意外的效果，也就是說，因為並非完全不認識，只要保持良好關係，便可期待對方再次成為自家企業的顧客。

如圖11所示，重要顧客是圖表上半部「積極主動」、「持續往來」的顧客，以及左下「伺機而動」的顧客。下半部則屬於「耗時費力」和「原地踏步」的顧客，應盡量排除。

如同日本連鎖速食店 FRESHNESS BURGER 社長栗原幹雄的主張，一開始就先捨棄一半的顧客，藉此將營收提升至最高，是很重要的。善用有限的經營資源，找出適合自家企業的優質顧客，是所有行業都該重視的關鍵。

如何活用五級分問卷

NPS是以〇～一〇等十一個級分進行評價，或許有些人會感到疑惑：「這和我們原本使用的五級分問卷有何不同？」接下來，我將簡單示範用五級分問卷來計算好感度的方式。

使用五級分問卷時的「好感度」＝（五分的比例＋四分的比例×〇・八）－（〇～二分的比例＋三分的比例×〇・二）

〇～二分為批評，五分則為推薦。三分和四分則可根據二八法則（參閱118頁）來思考。若觀察最近的五級分問卷便會發現，受到臉書等社群網站的影響，評分有日漸嚴格的趨勢。顧客即使感到滿意，也很少給五分（滿分），特別是年輕客群大多給三分，不具批判性，卻也很難看出他們的喜好。

此時若用二八法則來分析，可以將三分的兩成視為批評，四分的八成視為推薦，其餘則為中立意見。當問卷結果呈現五五波時，也可以運用這項法則。

先將顧客分成兩半，再集中火力經營其中一半，是強化經營管理的方法之一。

案例：想讓既有顧客一再回購？IKEA教你如何彰顯商品差異

對企業而言，究竟該以既有顧客還是新顧客為優先，往往很難取捨。關於這一點，IKEA前任CEO安德斯．戴爾維格（Anders Dahlvig）提出十分明確的看法：

> 雖然事業成長很重要，但應優先重視既有顧客，再推廣事業（如設立新店面或投入新市場）。企業成長的關鍵在於聆聽顧客的心聲，而不是一味模仿競爭對手。（引自《IKEA模式為何能進駐世界》，安德斯．戴爾維格著）

重視既有顧客，正是北歐家具品牌IKEA得以立足世界的原因。將既有顧客放在第一順位，新顧客放在第二順位，這樣的排序方式可以套用在任何商業模式上。

顧客數（更正確的說法應該是「顧客總數」）可以用下列算式來計算：

❶顧客數＝新顧客×消費頻率＋（初期顧客－流失顧客）×消費頻率

算式❶是以新顧客乘上消費頻率（包括來店頻率、回流率），因為是初次消費，係數為「一」。另外，（初期顧客－流失顧客）＝既有顧客。也就是說，算式❶可以再整理成下列算式：

❷顧客數＝新顧客＋既有顧客×消費頻率

從算式❷可一目瞭然地看出，要增加顧客數時，必須增加新顧客。然而，若既有顧客或既有顧客的消費頻率降低時，整體顧客數也會跟著減少。因此，增加新顧客固然重要，但也必須留住既有顧客。況且，要爭取新顧客，得投入大筆廣告宣傳費，往往耗費更多成本和時間。

那麼，我們該如何確保既有顧客呢？關鍵就在於「**維持**」和「**提升消費頻率**」。

維持既有顧客並提升消費頻率

維持既有顧客的第一項重點是**減少顧客流失**。開始經營事業後，過去的顧客突然無聲無息地消失，是常有的事。對企業而言，必須全力防止這種狀況發生。

舉例來說，美容院或餐飲店的顧客只要半年沒上門，就可以當作他們轉向競爭對手的店面消費。這些顧客之所以選擇轉換消費地點，必定有其原因。此外，販售化妝品或健康食品的店家營業額日漸下滑時，也要思考既有顧客為何不再光顧。**唯有找出顧客改變消費習慣的理由，才能防止顧客持續流失**。

基本上，營業額會下滑，一定是因為企業無法將商品或服務的價值，確實傳達給顧客。此外，也常有企業自認對商品或服務很瞭解，卻無法讓顧客產生相同的認知。

企業應在宣傳文案中加入顧客實際體驗後的感想，例如：「只要這樣使用，就能產生這麼棒的效果」、「只要持續用上半年，就能感受到它的功效」，將商品或服務的吸引力提升到最大。為了讓顧客瞭解商品或服務的優點，也必須在用字遣詞上花費心思。只要運用巧思，就能使顧客產生「再試一次看看」的想法，防止顧客流失。

當營業額開始下滑時，應先審視自家商品或服務的特色，並思考是否將這些特色確實傳達給顧客。

消費者原本就是行事謹慎且容易起疑的一種生物。因此，企業必須和消費者進行更深入的溝通，只要明確傳達自家企業的理念，促使消費者採取購買行動，就能讓他們轉變成忠實顧客。

第二項重點在於，**提升既有顧客的消費頻率（回客率）**，也就是以留住既有顧客為目標。所謂的回客率，是指顧客來店與消費的頻率。企業應仔細探討顧客來店消費的原因。能夠打動顧客，使他們感受到商品價值的因素，例如「商品很酷，很可愛，充滿新鮮感」，正是提升回客率的主因。

賦予商品附加價值

美國經濟學家菲利普・科特勒（Philip Kotler）提倡的**「商品特性分析」**，最能清楚闡釋這一點。

顧客看到、體驗到的商品或服務，其核心本質都被商品外觀或服務內容等實體包裹。即使是相同的商品或服務，也可能出現銷售差距，這樣的差距正是來自附加價值的魅力。

簡單來說，**就是顧客看到、體驗到的商品或服務，是以核心、實體和附加價值三層結構所組成**。打個比方，栗子的特色是被茶色外皮包覆的黃色果實，以及甘甜的滋味。如果是知名的日本京都丹波栗，更能贏得廣大顧客的認同（見圖表12）。

事實上，顧客想要的只是栗子果實，也就是商品的核心。然而，若拿在手上的栗子又大又圓，便足以使商品的實體產生相應的價值。此外，當顧客實際購買栗子時，「栗子非丹波產莫屬」這種特殊品牌的附加價值，也可以增進購買的意願。

就像丹波栗一樣，當商品品牌具有知名度，而且和其他同類商品有所差異時，只要著重商品核心與實體樣貌，就能擄獲顧客的心。

然而，現今雷同的商品與服務氾濫，品質和功能大同小異。想讓同質性商品或服務受到顧客青睞，必須**賦予附加價值，彰顯獨特差異**。只要讓顧客感受到「原來這件商品有這樣的優點」，便能抓住既有顧客的心，提升回客率。當既有顧客大力推薦時，新顧客也會願意嘗試並認同該商品。

請先思考自家商品或服務的核心、實體與附加價值，以及今後能為該商品或服務加上什麼樣的變化。思考上述問題，是將營收提升至最高的必經過程。

圖表12 透過附加價值來彰顯商品差異

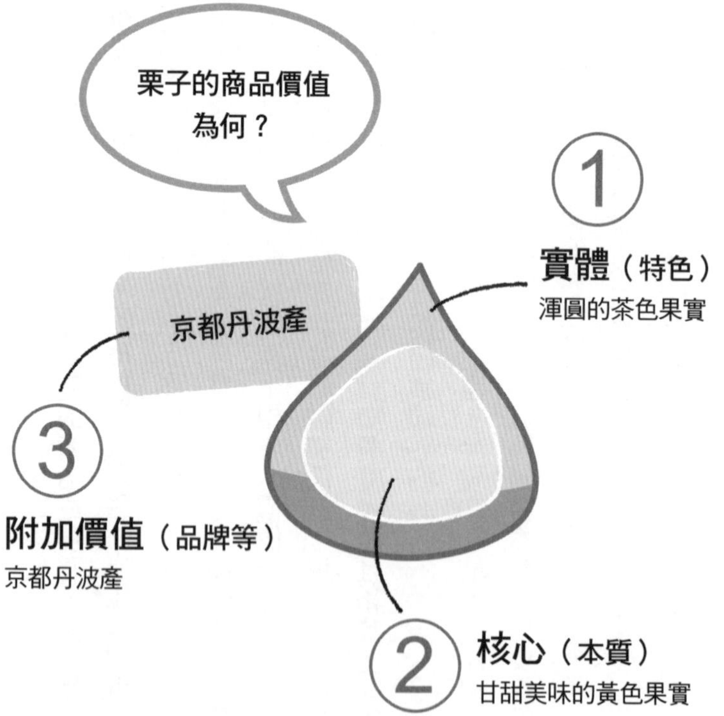

強化經營管理的祕訣

「顧客看到、體驗到的商品或服務，是以核心、實體和附加價值三層結構所組成。」

——菲利普．科特勒

想抓住新顧客？得採取行銷導向策略，並善用業務進度表

對企業而言，爭取新顧客是非常重要的任務。在競爭激烈的商場中，一旦流失既有顧客，往往也代表商品或服務的壽命即將走到盡頭。因此，美國管理學家彼得・杜拉克（Peter Ferdinand Drucker）提出**「經營企業的目的在於創造顧客」**，並強調必須重視兩項基本能力：

> 企業必須具備行銷力和創新力。（引自「石丸謙二郎 Off Time」，http://ishimaruk.exblog.jp/11815562/）

簡單來說，杜拉克強調，企業必須理解並試圖滿足顧客的需求。

此時，對企業提供的商品或服務，抱持高度興趣的**「當前顧客」**和**「未來顧客」**最重要。客群不同，行銷策略也會有所差異。對此，日本三住（MISUMI）集團總公司負責人、董事會議長兼策略顧問三枝匡提出以下看法：

> 一旦遭遇困境，該領域的生意往往得花好幾年才能再重振旗鼓。但由於時間緊迫，必須用策略依序掌握重要的顧客，才不會錯失寶貴的時間。（引自《放膽做決策：一個經理人1000天的策略物語》，三枝匡著）

擁有傑出經營手腕的三枝匡，常將「創造（企劃），生產（製造），銷售」這段話掛在嘴邊，隨時提醒自己。

簡單來說，就是**排出銷售的優先順序，並用策略積極爭取**。舉例來說，當公司要求員工開發新顧客時，一般人都會先針對較可能購買商品的對象進行銷售。然而，這樣的思考方式是有問題的。

在此，我先為沒聽過日本三住集團的讀者做個簡單說明。三住集團是上市企業，將「成為全世界製造業的幕後推手」視為企業責任，秉持「高品質、低成本、短交期」的原則，開發出齒輪、電纜、設備開關等多樣化零組件，近來創下連續十季以上的獲利紀錄。

建立顛覆常識的經營機制

> 從經營層面來看，最可能購買商品的顧客，未必是企業最想爭取的顧客。
> （引自《放膽做決策：一個經理人1000天的策略物語》）

三枝匡認為，將這類顧客視為優先銷售的主要客群，是非常危險的。當企業試圖將商品銷售給「不值得保留的顧客」時，往往容易落入將「銷售狀況良好的商品A」作為主力的思考模式（見圖表13），但如此一來，將無法產生任何改變或突破。

一旦企業持續執行很難使經營狀況好轉的銷售策略，將動搖永續經營的基礎。因此，企業必須打破一成不變的銷售模式。三枝匡曾在他的著作中提供以下建議。

如圖表13所示，企業不能只以「**生產導向**」（編註：指企業著重於增加產量和降低成本，透過大量生產、壓縮成本，達到規模經濟的效果）來提供商品或服務，而應抱持「**行銷導向**」（編註：指企業根據市場需求制定營運計畫。企業的目標應是滿足客戶的需求，而不僅僅是利用現有的生產設備或原料來生產）的思維，採取「**顧客導向**」的策略。

若一併運用第7課裡說明的「促使經營良性循環的5WAY法」，企業將擁有其他同業缺少的優勢特色，可以為顧客解決問題，甚至能帶給他們意想不到的驚喜。能夠提供這類商品或服務的企業，正是具備「創造、生產、銷售」三大優勢的強大企業。

三枝匡表示，透過這樣的思考模式來鎖定目標顧客，進而擬定執行策略的時間，以及吸引目標顧客的方法，並將業務進度加上編碼（見圖表14），是很有效的做法。

強化業務管理工具，激發員工的幹勁

現在，許多企業都要求員工提交每日工作報告，只要將工作內容整理成一張業務

圖表13 抱持顧客導向的觀點

（單位：萬日圓）

	商品A	商品B	商品C	各顧客合計
顧客1	10			10
顧客2	15	20	10	45
顧客3	10	10		20
各商品合計	35	30	10	75

生產導向的觀點
因為可以產生獲利，
重視商品A。

透過兩種觀點，
達成顧客導向的
目標。

行銷導向的觀點
因為利潤由
顧客創造，
重視顧客2。

強化經營管理的祕訣

重視各種顧客的觀點（行銷導向）。

進度表（見圖表14），便能一目瞭然。

將業務活動的進度加上編碼，讓所有人都能共享資訊，即可使包含業務人員在內的全體成員，一起努力爭取顧客。例如：「目前和A公司的往來，已經到達C1（提出報價）的階段。」

當大家擁有共通資訊時，便能激盪出將未來顧客轉變成當前顧客的點子：「過去我們曾藉由○○方法獲得A公司的合約，就用這個方法來爭取B公司如何？」業務負責人在審視圖表內容時，也會產生「再努力一下就能爭取到訂單」等正面想法。

若希望所有人都能掌握業務活動的進度，應**運用數字和圖表，將各項進度加上編碼，並整理在同一張紙上，以此作為激發員工幹勁的工具**。

此外，若要將這張圖表和財務管理結合，重點在於將「回收帳款」項目加上編碼，再置於圖表上方。因為現金流是企業經營不可缺少的要素之一，執行業務者必須確實回收帳款，才算是完成工作。

圖表14 目標顧客的業務進度表

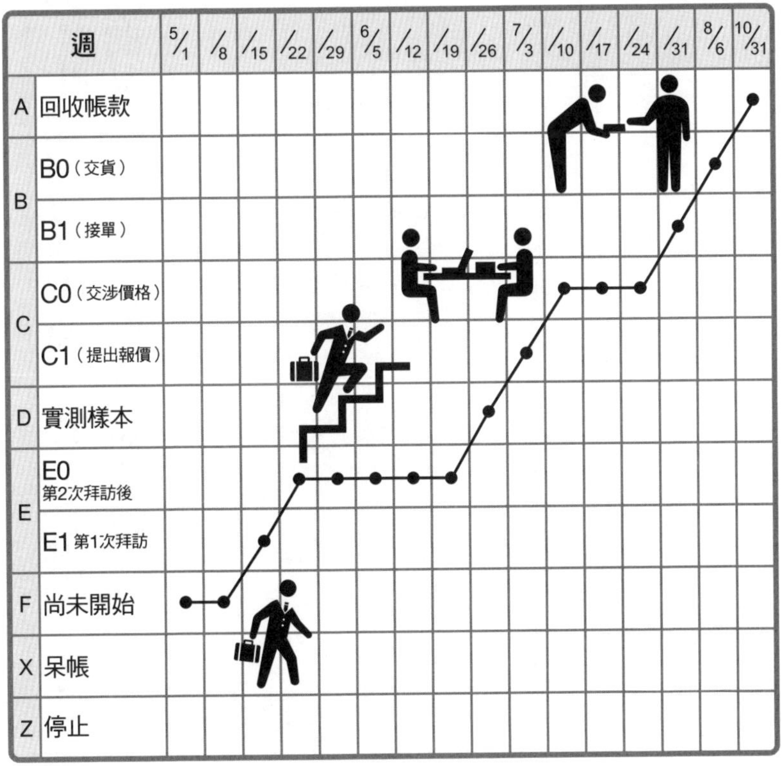

強化經營管理的祕訣

提升營收的重點在於，將業務流程圖像化。

案例：生活用品廠商IRIS用SRC原則推出商品，讓顧客保持新鮮感

> 人類非常喜新厭舊，即使想持續做某件事，也很快會厭倦。即使想持之以恆，還是會中途放棄。儘管想持續觀看某物，仍會迅速轉移焦點。（引自「石丸謙二郎 Off Time」，http://ishimaruk.exblog.jp/11815562/）

這是日本長青節目「來自世界的車窗」（朝日電視台）的開場白。如同日本演員石丸謙二郎在他的部落格所說，人類非常容易對既有事物感到厭倦，因此企業必須努力讓顧客保有新鮮感。

提高新商品的比例

無論是想開發新顧客，還是提升既有顧客的來店或消費頻率，都必須使顧客保有新鮮感。持續推出新商品，便是其中一個方法。例如，日本汽車製造商每四到六年推出新車款，電腦製造商則大約每半年就推出新機種。若不能滿足消費者的需求，就無法使他們成為自家顧客，所以企業必須不斷推陳出新，吸引顧客的目光。

然而，光是推出新商品，未必能產生好效果。若無法順利賣出商品，只會產生「罪惡的庫存」，也就是不良資產（編註：指企業尚未處理的資產淨損失，以及依照財務會計制度規定，應提未提的資產減值準備等各類問題資產）持續累積，對現金流造成負面影響。

因此設計開發新商品時，應搭配明確的故事。比方說，站在顧客的立場，思考什麼樣的商品可以讓生活變得更豐富舒適。這種從顧客角度出發的行銷方式非常重要，在這段過程中，發掘顧客的潛在需求是一大關鍵。如果企業提供的商品無法消除顧客的不滿、不足或不便，自然無法獲得顧客的青睞。

這正是日本職棒東北樂天金鷹隊的贊助商「IRIS OHYAMA」社長大山健太郎提

出的**「解決方案行銷」**。（譯註：IRIS OHYAMA，簡稱IRIS，主要生產並販售各種生活用品。）

提升營收＝爭取新顧客×提供新商品或新服務

要創造深受消費者喜愛的商品或服務，祕訣就在於大山健太郎提倡的嶄新商品、服務開發概念**「SRG」**（見圖表15）。

- **功能簡便（Simple）：簡單易懂，方便使用。**
- **價格親民（Reasonable）：平價且具質感。**
- **商品優質（Good）：消除顧客的不滿、不足或不便。**

SRG讓喜新厭舊的消費者不容易失去新鮮感。大山健太郎認為，只要透過這樣的觀點來開發商品或服務，就能使顧客實際感受到便利性。如何以最快速度提供這種商品或服務，是將營收提升至極限的關鍵。對此，他重視以下數字：

圖表15 Simple、Reasonable、Good 是爭取顧客的重要關鍵字

提升營收 ＝ 爭取新顧客 × 提供新商品或新服務

▼

S 功能 **簡便**（**Simple**） ＝簡單易懂，方便使用。

R 價格 **親民**（**Reasonable**） ＝平價且具質感。

G 商品 **優質**（**Good**） ＝消除顧客的不滿、不足或不便。

強化經營管理的祕訣

以最快速度讓實踐 SRG 的商品問世。

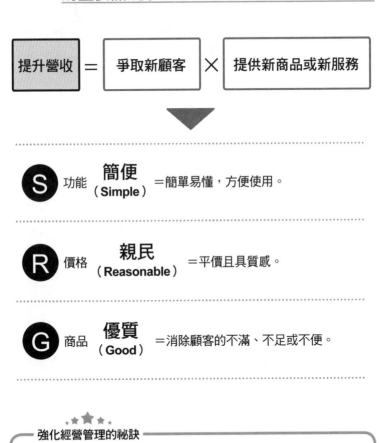

本公司會把推出時間在三年內的商品視為新商品，在二〇〇九年度的營收中，新商品的比例就超過五〇%。（引自《危機就是大轉機：經銷商的革新》，大山健太郎著）

在IRIS OHYAMA推出的一萬四千種商品當中，超過五〇%是上市三年內的新商品。這種加速新陳代謝的做法，是他們業績持續躍進的原因之一。

新商品比例＝過去三年內的新商品營業額÷近一年內的營業額

在運用這項指標時要特別注意，雖然企業必須不斷提供新商品或服務，但也可能因此造成庫存壓力。持續觀察銷售狀況，適時調整商品內容才是正確的做法。

搶攻市佔率的方法

這個名為「新商品比例」的指標，也就是所謂的市佔率。由此可以看出，新商品在眾多商品中佔有多少比例。

市佔率原本就是思考經營方針時的重點之一。舉例來說，在牙醫人數過剩的日本，若想開設牙醫診所，必須先確切掌握營業區域裡有多少潛在顧客，而其中有多少人可能成為自家診所的固定顧客。也就是說，開設新診所時，掌握市佔率將是一項重要經營課題。

不僅僅是牙醫，所有行業都必須重視市佔率。「市場規模有多大」（需求有多少）、「自家企業能在該市場佔有多少比例？」先思考這些問題再進入市場，便能善用有限的經營資源，並使業績蒸蒸日上。

市佔率＝自家企業所佔比例÷潛在市場規模

在一定的範圍（地區或時間）內，自家企業的商品或服務能夠佔有多少比例，或是預估未來可以佔有多少比例，都將影響企業的成本競爭力，所以市佔率才會如此受到重視。

當市佔率擴大時，不僅能提高工廠或店面的使用率，也可以增加買進原料時的價格交涉力。因此，對渴望搶得市場先機的新興企業來說，即使必須犧牲短期獲利，仍會採取低價銷售或大膽的行銷方式，藉此擴大市佔率。

舉例來說，網路超市是近來備受矚目的新創企業，市佔率就是他們成功與否的關鍵。網路超市針對「在地緣關係緊密的狹隘區域裡，能夠囊括多少顧客」這一點擬定策略，正是因為只要掌握高市佔率，便能建立有效率的配送機制，大幅降低配送成本。

配送成本降低，即可反映在商品價格上。這和ＩＫＥＡ藉由降低成本提升營業額的做法，是基於相同的思維。

「組裝完成的家具較容易損壞，也容易導致庫存損失」、「組裝完成的家具相當佔空間，擺著不用很浪費。」基於這些原因，ＩＫＥＡ決定銷售組合式家具，結果成功降低成本，得以壓低商品價格，並獲得消費者的青睞。由此可見，市佔率也可視為創造成本競爭力的根源。

在實務上，我們可以將剛才的算式當作基準，並以下列指標來計算市佔率。

- **「P金額基準」VS.「Q數量基準」**
- **「顧客佔有率＝顧客購買的自家商品或服務÷顧客購買特定商品或服務的金額」VS.「店鋪佔有率＝包含零售商等店鋪銷售自家商品的營業額÷所有銷售據點的總營業額」**

雖然有些企業經營者認同市佔率的重要性，卻對持續提升佔有率抱持疑慮。Soup Stock Tokyo 社長遠山正道曾說：「四十家店已是極限。」由於每家企業擁有的經營資源不同，對佔有率的認知也有很大的差異。但不變的是，**設定明確的市佔率目標**，必定是強化經營管理的一大要素。

重點整理

- ☑ 具備獲利體質的企業，不僅瞭解自身的優勢和弱勢，也能確切掌握外部的機會和威脅。
- ☑ 運用顧客矩陣篩選出一半的顧客，並集中火力經營，是強化經營管理非常重要的關鍵。
- ☑ 想維持既有顧客，就必須減少顧客流失，並提升回客率。
- ☑ 運用數字和圖表，將各項業務活動的進度加上編碼，並整理在同一張紙上，就能讓所有人掌握進度，激發工作動力。

編輯部整理

NOTE

「各位是否想過，營收分為『自然營收』和『創造營收』兩種類型呢？」

——持續創造出新市場的經銷商
IRIS OHYAMA 社長 大山健太郎

引自《危機就是大轉機：經廠商的革新》

第 3 課

為什麼斷捨離，能創造物超所值的滿意度？

案例：顧客滿意度如何？UNIQLO 教你不只平價，而是物超所值

各位回想一下，自己家裡是否有可看見內容物的透明塑膠收納盒？開發並銷售這種收納盒的公司，正是在日本東北發跡的大企業 IRIS OHYAMA。

在日本人的日常生活中，幾乎隨處可見 IRIS OHYAMA 的商品，例如：只需要市價三分之一的LED電燈泡、防止花粉症的口罩等。本課開頭引用該企業經營者大山健太郎的說法，他認為營收分為**「自然營收」**和**「創造營收」**兩種，企業若想持續創造佳績，就應重視這一點。

試著分析大山健太郎的論點，「自然營收」可視為因應消費者實際需求所獲得的結果，相對地，**「創造營收」則是透過驗證假設，找出消費者潛在需求後所獲得的營收**。說得更簡單一點，就是越能仔細區別「順其自然所獲得的營收」和「調整銷售方針所獲得的營收」的差異，越能使企業穩居領先地位。

一般來說，多數企業只會檢視營業額這個概括的數字，而具備獲利體質的企業，必定會依照第1課所述，**確實分解這項數字，並剖析形成該數字的原因**。反觀搖搖欲墜的企業，往往在業績低迷時，慌張地看別人怎麼做，並陷入這樣的思維：「低價商品比較好賣，我們也來模仿」。但是，這樣的做法無法使銷售狀況變好，因為削價競爭很難創造獲利。

唯有確實掌握價格和品質的平衡，才能塑造獲利體質。能否理解並實踐這一點，是龍頭企業穩居領先地位的重要關鍵。

是否從滿足顧客需求的角度出發？

我可以肯定地說，基於「只要便宜就賣得好」這樣的思維，即使達到一定程度的業績，也絕對無法打造出吸引顧客購買的銷售內容。

舉例來說，提到平價商品，許多人首先會想到UNIQLO。事實上，他們已經先進行縝密的計算，才能設定平價卻能創造獲利的銷售模式。也就是說，即便乍看只是以低價為訴求的策略，UNIQLO也並非一味追求低價，而是**花費心思吸引顧客的目光**。

此時，必須從企業經營的基礎——滿足顧客需求的角度出發。

關於這一點，日本經營之神松下幸之助曾指出：「**企業必須站在消費者的立場思考，也就是將自家公司當作出貨給客戶的供應商，並以這樣的心態來提供商品。**」他提出以下論點：

> 如此一來，自然會思考客戶需要什麼商品，以及商品的等級定位、品質、價格、所需數量、進貨時間等等，這正是供應商必須肩負的責任。只要依循這樣的模式思考，就能掌握消費者心理，提供他們需要的商品。（引自《想當社長的人必須知道的事》，松下幸之助著）

站在顧客的立場思考，是進行商業買賣時最基本的原則。近幾年來，許多企業特別強調提高顧客滿意度的重要性，其中一個原因就是現代社會日漸複雜，使企業越來越難看清顧客需求的本質。

在重視速度和效率的現今，停下腳步思索真正的本質很重要。事實上，美國矽谷的企業就很流行安排冥想時間，藉此透視事物的本質。

歸根究柢，IRIS OHYAMA和UNIQLO之所以能夠奠定強韌的經營根基，持續在業界獨佔鰲頭，正是因為徹底從滿足顧客需求的本質出發。

「如何提升顧客滿意度？」、「如何消除顧客的不滿？」費心發掘顧客的潛在需求，調整銷售方針，才能獲得「創造營收」，使企業持續保有獲利體質。

斷：藉由「固變分解思考法」，產品經理不陷入低價迷思

當企業因「順其自然所獲得的營收」而感到滿足時，對各種開銷就會變得得過且過，但當企業意識到「調整銷售方針所獲得的營收」時，便會開始注意營業額和費用支出的關係。

和營業額增減無關、固定產生的支出稱為**「固定成本」**，而隨著營業額變動的支出則稱為**「變動成本」**。一家強大的企業必定非常瞭解這兩種成本。**將所有成本區分為固定成本和變動成本的方法**，稱為**「固變分解」**（見圖表16）。

比方說，租借辦公室或工廠的租金，是和營業額無關且固定產生的支出，就是固定成本。相對地，和營業額關係密切的進貨成本，或是其他會隨著營業額變動的支出，統稱為變動成本。

圖表16 何謂固變分解？

營業額 － 成本 ＝ 利潤

將成本分解為固定成本和變動成本

以製造業為例

出處：依據日本中小企業廳《中小企業的成本指標》整理而成

和營業額無關的支出

- 薪資與津貼
- 通訊費
- 廣告宣傳費
- 水電瓦斯費
- 修繕費
- 保險費
- 租金
- 交際應酬費
- 利息手續費
- 研究開發費
- 折舊費用等

隨著營業額變動的支出

- 直接原料費
- 間接原料費
- 當期進貨成本
- 購入零件費
- 其他直接成本
- 外包加工費
- 重油等燃料費
- 期初在製品存貨－期末在製品存貨
- 酒稅等

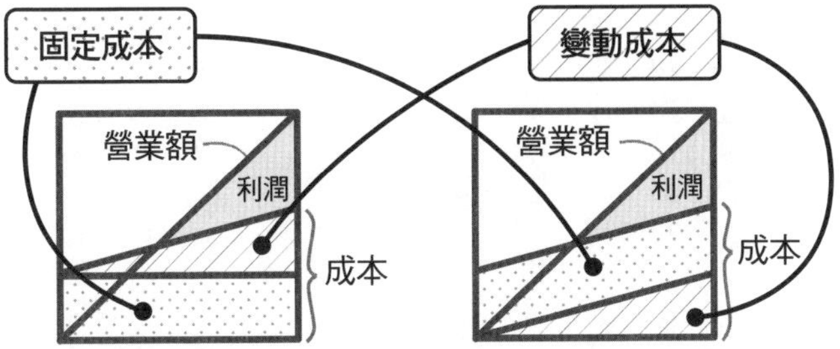

左右兩張圖的呈現方式雖有不同，但代表的意義完全相同。

強化經營管理的祕訣

運用固變分解，將成本區分為固定成本和變動成本。

區分固定成本與變動成本的方式，每家企業各有不同

要請各位注意一項重點，那就是在本書提及的會計中，即使同樣是成本項目，每家企業的區分方式也各有差異。舉例來說，某項支出在A公司被視為固定成本，但在B公司則可能被當作變動成本。又例如，某家廠商只將進貨成本視為變動成本，其他支出全部視為固定成本。

因為每家企業各有不同的考量，應先確認各項成本和營業額的連動性，再依據實際狀況進行固變分解，才是正確的做法。

從會計的本質來看，**在設定目標並朝該目標邁進的過程中，最重要的便是管理其中的各種數字**。至於無法派上用場的數字，即使整理再多也不具意義。只要善用某項數字，並在維持企業本質的狀況下解讀該數字，就算只將進貨成本視為變動成本，其他支出全部視為固定成本，這樣的固變分解還是具有一定的意義。

松下幸之助的下述論點，也支持這樣的理論：

> 為了提高利潤，當然必須以高於進價的價格販售。（引自《找出價值千金的經營訣竅》，松下幸之助著）

由於不想輸給競爭對手，將進價一百日圓的商品以九十五日圓賣出，當然不可能使經營狀況好轉。松下幸之助提出的論點，對瞭解經營法則的人來說是理所當然，因為一旦這種狀況持續出現，企業終將走向倒閉。

從和銷售數量（Quantity）連動的單價（Price）來看，進貨成本可視為變動成本「P×Q」的組成要素，每當進行生產與銷售活動時，該成本便自動產生。當企業反覆進行生產與銷售活動時，因為必須不斷採購原料和商品，所以得回收用於進貨成本的變動成本。也就是說，以一百日圓購入的商品，必須以高於一百日圓的價格賣出，企業才能持續經營。

松下幸之助的上述論點，正是從進價和營業額是否產生連動關係的角度切入，藉由固變分解，將成本區分為固定成本和變動成本，強調管理會計必須抱持這樣的思維，才能使企業擁有獲利體質。

離：看出財報中的邊際收益率，可以遠離「獲利卻倒閉」的危機

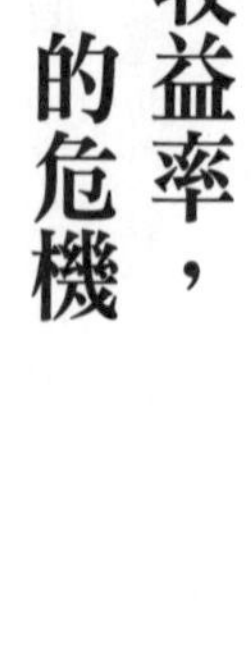

透過固變分解，可以導出以下重要思維：

邊際收益＝營業額－變動成本

所謂的邊際收益，是指營業額每增減一單位時，會隨之增減的毛利。各位不妨先拋開艱深的說明，將它理解為**「必須獲得的最小利潤」**即可。

當邊際收益為零時，無法獲得任何毛利，也就是完全沒辦法獲利。當邊際收益為赤字時，表示該事業已處於失血狀態，必須立即止血。如果不處理的話，企業很可能走向倒閉。

換句話說，只要檢視邊際收益，便可清楚看出經營管理的優劣。因此，**算出邊際**

收益，就能找出優質顧客。

不過，一般財報裡不會載明邊際收益，必須藉由110頁的算式，將營業額扣除變動成本才能算出。具體計算方法如圖表17所示。

在實務上，必須先區分商品類別、客群、銷售區域，再計算出相當於邊際收益的毛利。當邊際收益為赤字時，就必須加以檢視（參考圖表18中的C）。

當企業處於失血狀態時，當務之急就是先止血，避免資金持續流失。**即使損益表上顯示盈餘狀態，可運用的現金一旦枯竭，企業必定無法繼續經營，這就是所謂的「獲利倒閉」**。

有幾種方法能為企業止血，例如：和

圖表17　邊際收益＝營業額－變動成本

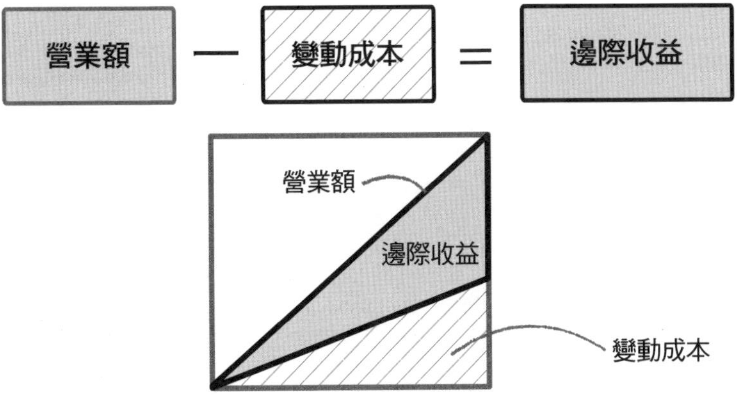

客戶交涉買賣價格，或是向供應商要求降低進價。但是，對方也有自身必須考量的因素，所以交涉前應先仔細說明狀況，若對方仍不肯讓步，則可以考慮終止往來。

不斷創造出現金流，使企業得以永續生存，是經營管理最重要的事。

圖表18 以收益結構表為基準，檢視是否有造成虧損的商品

商品名
顧客名
銷售區域名

邊際收益在0以下時，即處於失血狀態。C代表應立刻評估是否停止生產或交易。

（單位：千日圓）

	A	B	C	其他	合計
營業額	800	500	400	400	2,100
變動成本（－）	600	480	420	300	1,800
邊際收益	200	20	▲20	100	300
邊際收益率（%）	25%	4%	▲5%	25%	14%
固定成本（－）	40	30	20	20	110
利潤	160	▲10	▲40	80	190
利益率	20%	▲2%	▲10%	20%	9%

將邊際收益扣除固定成本後，即為利潤。

B表示固定成本高於邊際收益，因此應考慮降低固定成本，或停止銷售B商品。

強化經營管理的祕訣

邊際收益率（＝邊際收益÷營業額）是很重要的指標。

拾：別想顧客一把抓，用二八法則鎖定前20%客群，就能衝高利潤

要不斷進行生產與銷售活動，就必須持續買進原料和商品。因此，藉由創造獲利維持足夠的現金流非常重要。企業都應遵循松下幸之助的前述論點，回收用於進貨成本的變動成本。但對企業而言，在決定價格時也有絕對必須遵守的底線。

經營企業時，除了原料費等變動成本外，還必須支出人事費等固定成本。所以，只回收進貨成本等變動成本是不夠的，這將使整體收益出現虧損，最後導致企業無法繼續經營。這時便需要圖表19，也就是經過固變分解後的變動損益表。

先將成本區分為變動成本和固定成本，接著從營業額中扣除變動成本，算出邊際收益，再由此算出扣除固定成本後的利潤（一般而言，包括代表本業收益的營業利益，或代表經常性獲利的經常利益）（見圖表20）。

運用這樣的計算，即可篩選出對營業額有貢獻，卻無法帶來獲利的顧客。舉例來

圖表19　對成本進行固變分解後，呈現出的變動損益表

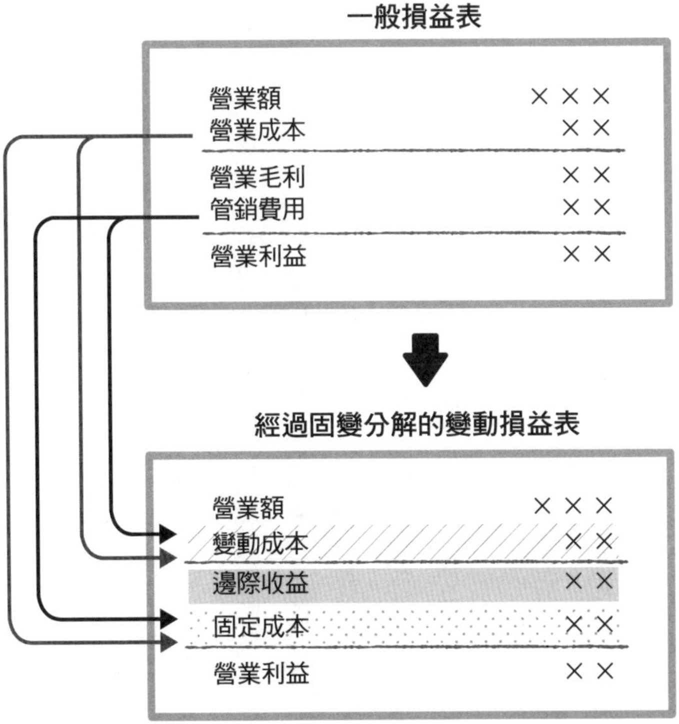

強化經營管理的祕訣

運用固變分解，找出邊際收益。

說，從經營管理的角度來看，營業額達到一百萬日圓，但實際利潤卻是負一萬日圓的客戶，大多被視為應優先排除的顧客。

另一方面，有時也會遇到實際利潤為負一萬日圓，但企業仍希望爭取這筆生意的狀況。由於企業研判，即便短期內必須承受虧損，長期卻可能帶來龐大獲利，無論如何都希望爭取到這樣的客戶。

縱使在這種情況下，也要嚴守邊際收益，因為邊際收益是「必須獲得的最小利潤」底線。簡單來說，就是要**設定邊際收益為零以上的價格**。企業應秉持這樣的認知，爭取合理的利潤。在進行價格交涉時，同樣必須基於這一點來討論。

只要透過固變分解算出邊際收益，便可找出價格設定的底線，也能模擬出營業額和各項成本的關係，進而找到損益平衡點。**理解「損益平衡點分析」的基本概念，是塑造獲利體質的第一步**。

我曾在座談會中屢次提到：「我們應該區分商品類別、客群與銷售區域，並檢視各自的邊際收益。如此一來，就能清楚知道哪項商品可以創造獲利，哪些客戶可以為自家企業帶來貢獻，以及在哪些區域銷售才能獲利。」

聽完我的說法後，常有人這樣反駁：「我們公司有一千種以上的商品，要逐一計

圖表20　想塑造獲利體質，必須認識損益平衡點

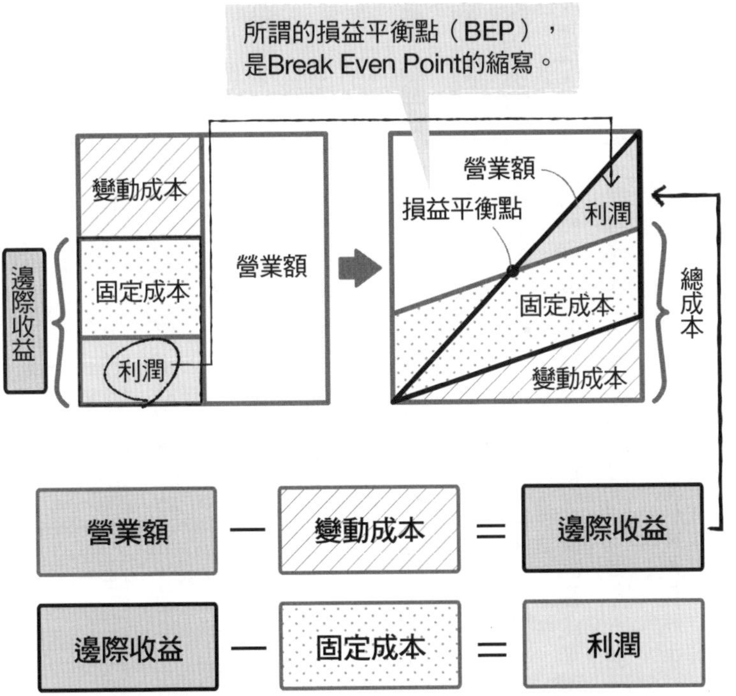

強化經營管理的秘訣

透過固變分解，找出損益平衡點。

算邊際收益根本是不可能的事」、「我們公司有五百家以上的客戶，怎麼可能算得出每一家客戶的邊際收益？」

要從一開始就計算出所有商品或顧客的邊際收益，確實有難度，但如同前述，固變分解有許多優點，如果因為執行上有困難就放棄，是非常可惜的事。況且確切掌握商品類別、客群、銷售區域與價格，進一步思考如何創造獲利，本來就是進行商業買賣必經的過程。因此，在做出無法辦到的結論之前，不妨先思考「有沒有什麼方法能夠做到」，這也是優秀經營者必須具備的思維。

我建議使用依照優先順序思考的**「二八法則」（帕雷托法則）**。根據該法則，可以這樣思考：**前二〇%的顧客貢獻八〇%的營收**。若很難將所有商品或顧客當作計算對象，不妨檢視其中重要的核心部分就好。

只要將京瓷名譽董事長稻盛和夫的信念：「將營收提升至極限，將成本壓至最低」放在心上，便不難理解將所有顧客一把抓，無法為企業帶來獲利。

所謂的忠實顧客，就是願意反覆上門消費的回頭客，是最重要的顧客。企業必須篩選出這些願意回流的顧客，並加強管理。運用帕雷托法則，將顧客依據營業額高低區分為A、B、C等三個等級，也就是**對顧客進行取捨**，如此一來，企業看待顧客的方式也將跟著改變。

企業應盡全力留住重要性最高的A級顧客（忠實顧客），因為這些忠實顧客今後可能成為永遠的顧客，和一次性顧客有非常大的差異。懂得篩選出忠實顧客，並予以重視，才能建構出強大的獲利機制。

案例：日本航空用ABC分析法，將顧客分成3等級來服務

在日本有個不可思議的現象，那就是許多企業總是將重心放在一次性顧客身上，對忠實顧客反而不甚重視。

比方說，在英文補習班可以看見「體驗課程只要一折起」這樣的宣傳標語，美容護膚沙龍強調「新會員可以獲得五大優惠」，電信業者則推出「新客戶送手機」等，每一項都是為了爭取新顧客所推出的促銷策略，通常也能創造一定的效果。

但是，比起維持既有顧客，開發新顧客往往得投入數倍的廣告宣傳費，加上只有新顧客才能獲得某些優惠，結果使顧客產生「既然這家店沒有優惠方案，下次就改到其他店消費」的心態。

一旦只依靠優惠方案吸引新顧客，就必須持續投入龐大的廣告宣傳費，導致企業經營狀況不佳。相反地，若一開始便以「將營收提升至極限，將成本壓至最低」為目

標，就能意識到**重視忠實顧客**有多麼重要。

確保忠實顧客不流失，就能藉此爭取到更多新顧客。若聽到忠實顧客說：「那家店提供很棒的服務，而且只限定熟客」，未曾上門的顧客便會產生消費意願：「既然他都這麼推薦，應該值得一試。」也就是說，企業只要成功留住忠實顧客，這些顧客自然會表現出對企業的認同，達到口碑宣傳的效果，進而獲得更多新顧客的青睞。

運用ＡＢＣ分析法來區分顧客等級

我們身邊其實有許多重視忠實顧客的經營模式。例如，日本航空公司的ＪＡＬ里程酬賓計畫、樂天市場的 Super Point 等，都是回饋忠實顧客的典型案例。近期則有電信業者將原本「攜碼簽約享有現金回饋」等爭取新顧客的方案，調整為既有顧客專屬的「集點回饋」等各式優惠方案，由此也可看出企業開始重視忠實顧客。

為了留住忠實顧客，必須運用「ＡＢＣ分析法」來篩選顧客。

以日本航空的ＪＡＬ里程酬賓計畫為例，累積三萬點可以成為水晶會員，之後依照累積的點數升級為藍寶石會員、菁英會員、鑽石會員。依據不同的會員等級，可獲得免費使用機場貴賓室、座艙升等優惠，相當方便。

過去我曾是菁英會員，只要時間或航程可以配合，我都會選擇搭乘日本航空的班機。就企業的立場來看，這種優惠方式能確實鞏固客源，而且區分會員等級的做法，也促使顧客持續追求更高的等級。每個等級的會員為了獲得更多專屬優惠，都努力追求升等，於是顧客的消費頻率也跟著提升。

提高顧客的消費頻率，並回饋對收益有貢獻的顧客。

藉由這樣的方式，即可將顧客轉變為自家企業的忠實粉絲。當顧客忠誠度提高後，企業就能獲得對方持續購買自家商品的優勢。因此，企業必須檢視是否缺少足以留住顧客的商品或服務，才能奠定強韌的經營根基。

說個題外話，日本航空宣告破產時，依然守住JAL里程會員的權益。該企業適用日本的公司更生法（編註：針對瀕臨破產的公司，日本政府會根據各方面評估給予優惠，協助公司盡速重建），公司原股東被追究出資責任（編註：股東出資責任，是指股東違反出資義務的法律後果。股東必須依法履行出資義務，已足額出資的股東可以採取違約救濟手段，就其損失向未出資的股東請求賠償），股票也頓失價值，然而，日本航空仍堅守JAL里程會員的權益。

我認為該公司這麼做的理由在於，如果JAL里程會員隨著公司破產而喪失權益，企業將失去顧客的信任，即使之後重振旗鼓，也無法長久經營下去。

像這樣運用ABC等級區分來抓住忠實顧客，執行上並不困難，只需透過EXCEL就能輕鬆完成。

首先，將所有顧客依據營業額排序，接著計算出累計營業額，再根據營業額結構比（編註：指公司所有營收中，各項產品佔總營收的百分比），將整體營業額的前二〇%列為A組，中間區段六〇%左右列為B組，最後二〇%則列為C組，以這樣的方式做出區隔。

此外，帕雷托法則和ABC分析法，除了作為營業額的排序方法，也可以依照商品的重要程度進行庫存管理。此時，也可根據營業成本或毛利高低來進行區分。請各位根據實際情況多加運用。

想建構出獲利機制，就必須**明確做出取捨，優先重視忠實顧客的需求**。

案例：IKEA用2方法降低損益平衡點，建立持續獲利的機制

創立京瓷，並在極短時間內重建日本航空的稻盛和夫曾說：

> 商業買賣沒有好壞之分，關鍵在於能否引導企業邁向成功。只要設定出使營收提升至最高的正確價格，並將成本壓至最低即可。經營者在檢視財務會計時，應遵循「將營收提升至極限，將成本壓至最低」的原則，盡可能提高經營效率，並使成果明確顯現出來。（引自《稻盛和夫的實學：經營與會計》，稻盛和夫著）

「將營收提升至極限，將成本壓至最低，利潤自然就會產生」這樣簡單明瞭的原

則，正是強化經營管理的祕訣。

將北歐家具推廣至全世界的ＩＫＥＡ，也提出相同的論點：

> 獲利將為我們創造出更多資源。（引自《四海一傢ＩＫＥＡ：從瑞典到世界，宜家傢俱帝國傳奇》，巴提魯．特雷克爾著）

一九七六年，ＩＫＥＡ創辦人英格瓦．坎普拉（Ingvar Kamprad）提出經營理念與願景：「帶給更多人更舒適的每一天」，並將實現這些理念與願景的祕訣，撰寫成《某位家具商人的誓言》。其中共有九個項目，條列如下：

一、ＩＫＥＡ商品：具備自家特色。
二、ＩＫＥＡ精神：每天都充滿活力。
三、獲利將為我們創造出更多資源。
四、花費少許資源，也能換得好成果。

五、簡樸是一種美德。
六、多嘗試不同方法。
七、專心做一件事是成功的祕訣。
八、背負責任是一種榮譽。
九、還有許多市場尚待開發，未來無限光明！

必須重視獲利的理由

上述的第三項，彰顯了獲利的重要性。原本獲利就是讓企業以合理價格提供優質商品的關鍵，若價格低卻品質不佳，買賣將無法成立，若價格過高，即使商品品質或服務內容再好，願意購買的顧客還是有限。也就是說，**一個理想的商業模式，必須取得價格、品質和內容的平衡**。

為了實踐這一點，企業必須有效率地開發商品，並嚴格地降低成本。只要從長遠來考量，並在這方面多下工夫，必定能為企業創造出獲利。英格瓦．坎普拉曾斷言：「這正是我們公司成功的祕訣。」ＩＫＥＡ正因為深知如何建構獲利機制，才能屹立不搖。

日本史上最年輕的上市公司經營者村上太一，也很重視獲利，在二十五歲時，就讓公司在東京證券交易所 Mothers 市場上市。（編註：東京證券交易所根據企業的發展階段，對外國企業開設外國部和 Mothers 兩個市場。企業根據公司規模和企業形象，可選擇任意一個市場。Mothers 市場主要以具高成長力的公司和國外新興企業為對象，外國部主要針對全球大型外國企業和業績優良的企業。）

建構獲利機制非常重要，因為唯有創造利潤，才能真正創造出價值。（引自《Livesense》，上阪徹著）

這是專營打工資訊網站的網路廣告公司「Livesense」社長村上太一的論點。經營企業時，最重要的是瞭解並建構出獲利機制。無論是家具業、網路業或其他業種，這都是不可撼動的事實。

具體來說，企業可以依照本書內容，用數字來呈現經營者的想法，並建構全體員工都能共享並理解的機制，也就是強大企業的獲利法則。說得更詳細一點，就是**讓全體員工一起思考策略，盡可能讓損益平衡點向左移動，使創造獲利的區域盡量向右擴展**（見圖表21）。只要做到這一點，便能使事業快速周轉，經營模式更有創意。

圖表21 降低損益平衡點的2種方法

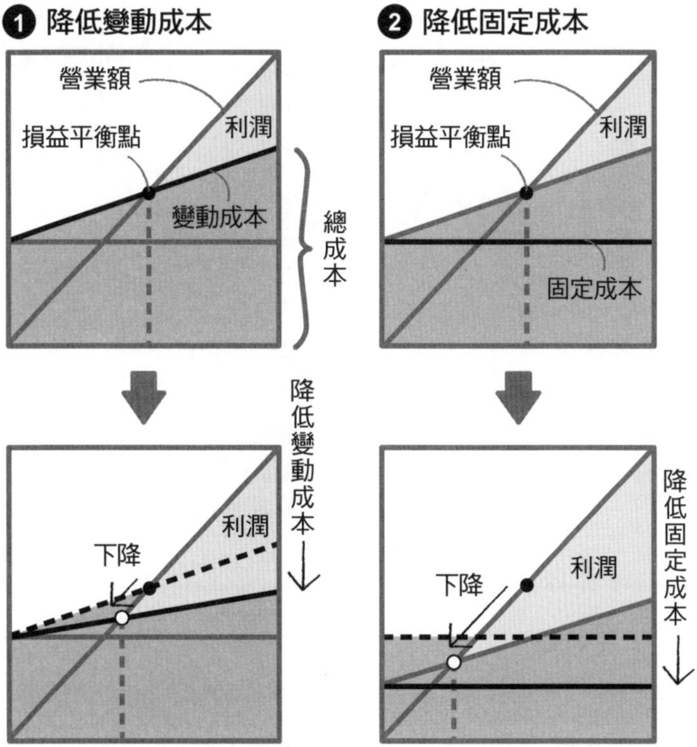

強化經營管理的祕訣

讓損益平衡點向左移動，並使創造獲利的區域向右擴展。

圖表22 使利潤提升至極限的方法

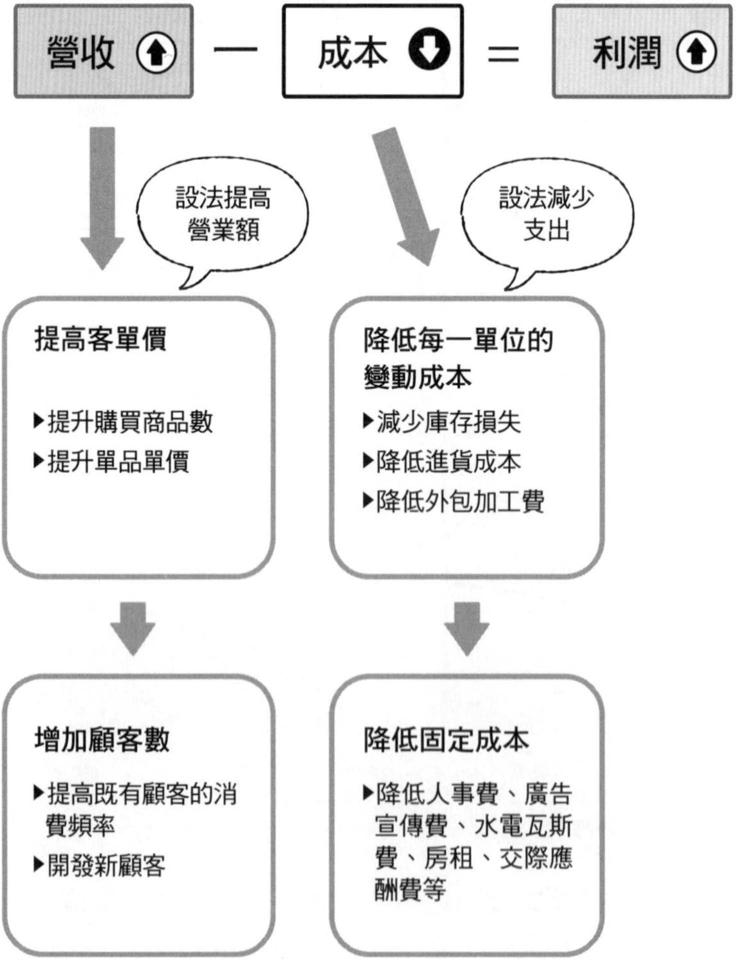

專欄

超過 75% CEO 贊同，強化經營不能只看財務指標

為何自家企業的經營體質總是積弱不振？針對這一點，AICPA（美國會計師協會）二〇一二年進行調查，找出其中一項主因：

「75% 的 CEO 都坦承，自家企業對非財務指標的衡量，仍有改善空間。」

也就是說，大多數企業對數字的解讀，特別是非財務指標的認知，都不符合實際需求。

會計師協會指出，企業不應只注意營業額等財務指標，而應瞭解非財務指標的重要性。例如，將看似和營業額無關的非財務數字，像是「所有員工一年必須讀一百本書」，當作經營管理指標，往往能發揮意想不到的效果。

重點整理

☑ 從滿足顧客需求的角度出發，確實掌握價格和品質的平衡，是塑造獲利體質的關鍵。

☑ 先確認各項成本和營業額的連動性，再運用固變分解，將成本區分為固定成本和變動成本，才是正確的做法。

☑ 檢視邊際收益，判斷能否從中獲得毛利。若邊際收益在零以下時，必須評估是否停止生產或交易。

☑ 運用ABC分析法，將顧客依據營業額排序，再依據營業額結構比區分為A、B、C三級，就能篩選出應優先重視的忠實顧客。

編輯部整理

NOTE

「只要店面的翻桌率高，即使成本很難控管，還是能確保事業持續經營。」

——以高翻桌率在餐飲業界備受矚目的
ORENO 股份公司社長 坂本孝

引自《我的義大利菜，我的早午餐：如何創造穩居領先地位的競爭優勢》，
坂本孝著

第 4 課

哪些財報關鍵數字，能驅動管理效率升級？

看財報不應偏重營收規模，而是要瞭解數字的相互關係

大榮集團（The Daiei, Inc.）創辦人中內功曾斷言：「營收可以拯救一切。」他秉持「好商品賣得越便宜越好」的經營理念，帶領大榮超市在二十世紀創下極盛一時的榮景。

然而在進入二十一世紀時，大榮集團卻開始出現衰退跡象。隨著泡沫經濟崩壞，來客數沒有成長，業績也持續惡化，甚至落後競爭對手，並在二〇一三年遭到AEON集團收購，最後消費者熟知的「大榮」二字，也在二〇一五年完全消失。大榮集團之所以被時代洪流吞沒，主因就在於剛才提到的「營收可以拯救一切」。

大榮集團過去的競爭對手，伊藤洋華堂創辦人伊藤雅俊曾說：

當資本市場要對企業進行評價時，依循基準並不是營業額、利潤或總資產等規模，而是利益率和自有資本比率等財務結構。重點不在量，而在於質。（引自《伊藤雅俊的經商之道》）

中內功重視營業額等金額的「量」，相對於此，伊藤雅俊則重視利益率等財務結構的「質」。從他們兩人對數字的認知差異，便可以看出這兩家企業成長與衰退的主因。

若要關注「量」的問題，只要檢視營業額和利潤即可。當公司規模較小時，這種檢視方式已經足夠。但想使企業持續成長，就必須關注「質」的部分。因此，企業有必要先理解各項數字的關聯。

從算式「利益率＝利潤÷營業額」便可理解，必須依據好幾項數字進行計算，才能算出比率。也就是說，**理解各項數字的關聯與財務報表的相互關係，是塑造獲利機制必經的過程**。首先，請參考圖表23，從中掌握財務三表的基本概念。

想讓企業穩居領先地位，就必須從財報的相互關係來理解各項數字的關聯，以及隱藏在數字背後的訊息。

本課將介紹「周轉」的概念，此一概念影響經營管理品質高低，是經營管理的基本知識。以下將從ROA和ROE、坪效和周轉率、周轉金和營運資金等三方面來進行說明。

圖表23 相互連結的財務三表

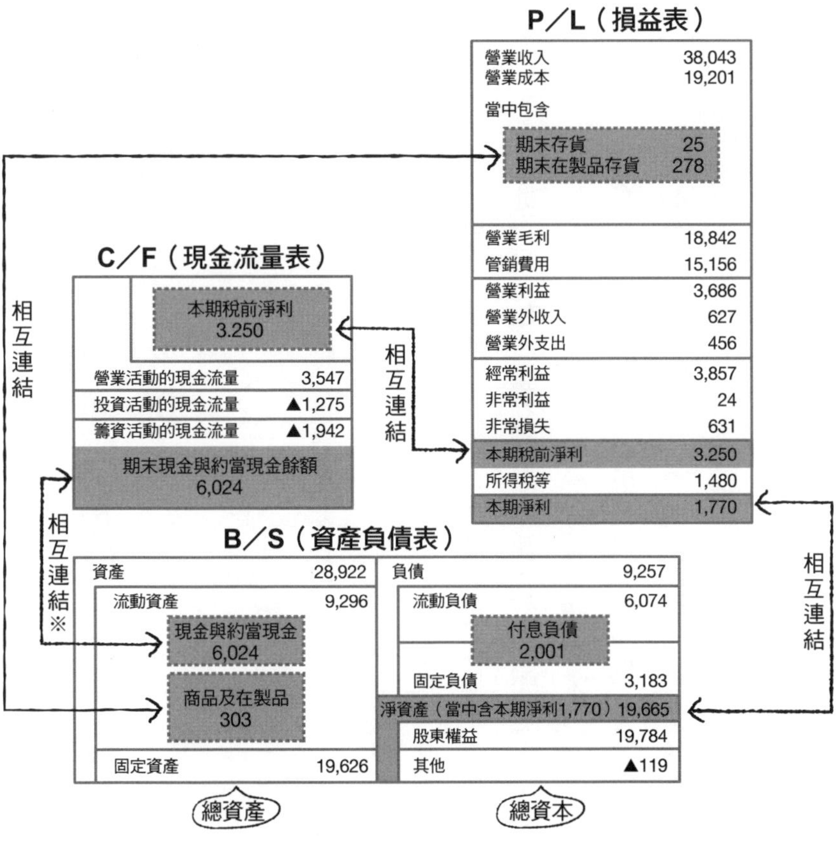

※現金流量表中的「期末現金與約當現金餘額」和資產負債表中的「現金與約當現金」，在「現金範圍」上可能會有差異，但在現金流量表當中的註記必將一致。

強化經營管理的祕訣

瞭解損益表、資產負債表和現金流量表的相互關係。

案例：普利司通以ROA檢視收益，目標訂在8%以上

擁有世界第一輪胎市佔率的普利司通（Bridgestone Corporation），原本是一家生產足袋的公司（譯註：足袋是指一種日本傳統襪子，因其拇指部分與其他四趾分開，又稱「分趾鞋襪」，穿著木屐或草鞋時需搭配這樣的腳部配件），在汽車普及化的時代浪潮來襲前，他們已洞察先機，開始生產輪胎，並成功轉型為全球化企業。

由此可見，**擁有獲利體質的企業往往能順應潮流**，並創造出意外的驚喜。

各位知道「普利司通」這個名稱是怎麼來的嗎？

其實這是源自創辦人石橋正二郎的姓氏，也就是用「橋」的英文「bridge」和「石」的英文「stone」組合而成。這樣的命名方式是不是饒富趣味呢？能夠保有這種創造驚喜的餘裕，也是企業體質強健的象徵。

而且，這位輪胎界的帝王，還隨時抱持著危機意識。

> 當王者開始產生傲慢或天真的心態，是最可怕的事。（引自週刊DIAMOND編輯部，「獲利超越米其林：普利司通的龍頭策略」，Diamond Online第九三三回，http://diamond.jp/articles/-/44076）

企業一旦成為世界第一，就容易自認萬無一失而產生鬆懈心理，但普利司通沒有這樣的問題。其實大多數龍頭企業的經營者，都具備非常強烈的危機意識，普利司通的CEO津谷正明也不例外。

說個題外話，我有參加全程馬拉松的習慣，希望有一天能奪得冠軍。每回我比賽時，總會在快抵達終點前的三公里左右，注意自己後方的跑者。在業界處於領先地位的經營者，多會關注其他在後方追趕的企業，應該也是類似的心境。

只要把追趕者帶來的壓力視為動力，就能確實抵達終點。每次我跑到剩下三公里左右時，都會以「絕不讓任何跑者超前」的心態進行最後衝刺。正因為龍頭企業的經營者能夠鎖定目標，並抱持「絕不輸給任何對手」的堅定意志，才能建構出強大的獲利機制。

「名符其實的全球化企業」、「在業界處於絕對領先地位」（引自普利司通網頁「投資人資訊」裡的二〇一四年法說會影片，http://www.bridgestone.co.jp/ir/library/result/pdf/h26_presentation.pdf）

在「二〇一四年法說會基本經營方針」當中，普利司通明確提出以下論點，由此便可看出他們的堅定信念。

普利司通的經營者認為，要擁有世界第一的市佔率和利益率，就必須達到「ROA六%」的數據目標（編註：ROA，Return On Assets，總資產報酬率）。二〇一四年第四季，該企業更是達成ROA八%的成績。

因此，想成為君臨業界的王者，ROA是不可缺少的重要數字。

ROA是檢視利潤和資產關聯的重要指標

ROA是檢視利潤（或稱報酬）和資產關聯的經營指標，也就是所謂的收益性綜合指標。

ROA（總資產報酬率）＝利潤÷總資產

右邊算式中的「總資產」，相當於圖表23裡的「總資本」。換句話說，**ROA既是總資產報酬率，也是總資本報酬率**。

從ROA可以看出，銀行借款和股東資金等**「總資本」，如何作為總資產運用，以及能夠獲得多少利潤**。ROA這項指標，顯示出資產負債表（Balance Sheet，縮寫為B/S）當中的總資產與總資本，以及損益表（Profit and Loss Statement，縮寫為P/L）當中的利潤等數字的關聯。**ROA的數值應維持在五%以上**。

計算ROA時要套入的「利潤」，有多種選擇（見圖表23，139頁）。這裡以**「總資產本期淨利率＝本期淨利÷總資本」**來定義ROA。

事實上，我們也可以用營業額，將ROA分解成兩種指標（見圖表24上方，147頁）。

❶ROA＝①總資本周轉率×②本期淨利率

①總資本周轉率（＝營業額÷總資本）是檢視總資本運用效率的指標（周轉率應為一至二以上）。

當總資本周轉率偏低時，可以判斷該企業有派不上用場的資產，或報酬率較低的事業。要找出背後的原因，請分析資產負債表中的應收帳款、庫存資產、固定資產等項目的周轉狀況。若賣出囤積已久的滯銷庫存、暫時用不到的房地產、閒置資產，**總資本報酬率的分母（也就是總資本）將縮小，而ROA也會跟著被拉高**。

②本期淨利率（＝本期淨利÷營業額）是構成ROA的要素之一，也是檢視營業額中稅後淨利所佔比例的指標。若本期淨利率偏低，就應檢視損益表中的營業成本、管銷費用（指廣告宣傳費與人事費等營業支出）。

只要以下列指標來分析這些支出在營業額中的比率，便能大致掌握報酬率持續低迷的原因。

- **營業成本率（＝營業成本÷營業額）**
- **管銷費用率（＝管銷費用÷營業額）**

● **人事費用率（＝人事費÷營業額）**

此外，為了提升報酬率，企業可依循本書提示的重點，提升商品或服務的吸引力，建構獨有的品牌形象，並透過創造差異化、價格競爭力、強化特色等方式，重新奠定穩固的根基。

ROE代表股東資金可創造出的報酬

ROE（Return On Equity）是檢視資本能創造出多少利潤的指標。說得更明確一點，就是股東投資的資金能夠創造多少報酬率。**ROE的數值應維持在五％以上。**

ROE（股東權益報酬率）＝利潤÷股東權益

這裡將**「自有資本本期淨利率＝本期淨利÷自有資本」**定義為ROE。在商業的世界裡，若不能先確實理解ROE的結構和涵義，將可能使經營管理往錯誤的方向前進，必須特別留意。

我們也可以用營業額和總資本，將ROE分解為以下三大指標（見圖表24下方）。

❷ROE＝①總資本周轉率×②本期報酬率×③財務槓桿

算式❷中①×②所得的數字，其實正是算式❶：「ROA＝①總資本周轉率×②本期淨利率」所得出的數字，也就是說，**ROE＝ROA×財務槓桿**。（編註：財務槓桿是指由於債務，導致每股利潤變動大於息前稅前利潤變動的槓桿效應。）另外，財務槓桿則是用來檢視不需償還的自有資本、必須償還的借入資本，在總資本中的比例。

❸財務槓桿＝總資本÷自有資本

如算式❸所示，當總資本額越大，自有資本額越小（負債相對越多）時，財務槓桿就會變得越大，ROE數值也就越大。「當借款等負債越多時，收益狀況就越好」這樣的觀點，其實有悖於一般認知，因此**不應單獨檢視ROE，而應將其作為綜合性**

圖表24　ROA和ROE是顯示收益狀況的2大綜合指標

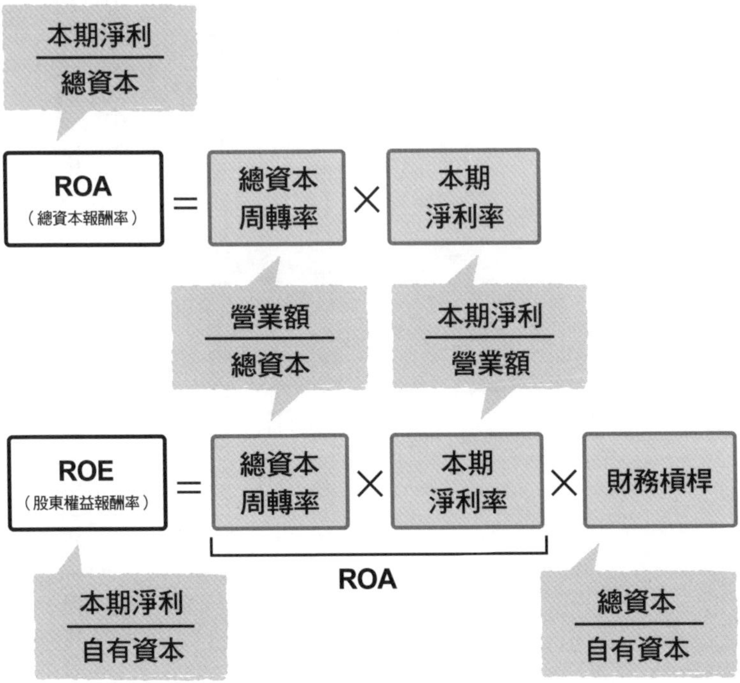

強化經營管理的祕訣

ROA 和 ROE 應至少維持在 5% 以上。

的判斷指標。

若將算式❸中的分母和分子對調，就會變成**「自有資本÷總資本＝自有資本比率」**，這個算式也可用來表示ROE。

❹ROE＝自有資本比率的倒數×ROA

簡單來說，ROE是依據自有資本比率和ROA計算出的經營指標。若不能先理解這類數字的結構，將可能面臨經營不順，甚至倒閉的危機，不可不慎。接下來，將以實際案例進行說明。

ROE是ROA的2倍，公司才不會被利息吃垮

即便ROA和ROE都達到五%以上，利潤也呈現黑字，仍存在倒閉風險。日本就有一家這樣的房地產公司，那就是「Urban Corporation」（以下簡稱Urban）。原本ROA當中就存在一項明顯的缺點：並未將借入資本等負債、不需清償的自有資本，以及兩者在總資本（ROA的分母）中的比例納入考量。ROE也同樣未將負債列入計算。

因此，ROA和ROE都不應單獨使用，這一點也適用於所有經營管理必備的數字。也就是說，個別檢視數字有其風險，請從各種角度來檢視數字的關聯。事實上，**企業倒閉的徵兆必定會顯現在各項數字的關聯裡**。

我們以「總資本＝所有自有資本一〇〇，ROA是一〇%」這樣簡單的數據，來驗證這個論點（見圖表25）。假設某企業原本的利潤是一〇（＝總資本一〇〇×ROA

一〇％），ＲＯＥ即是一〇％（＝利潤一〇÷自有資本一〇〇）。

為了提升業績，該企業借入一〇〇的資本，希望年獲利能夠提升一〇％。以「借款前的總資本一〇〇（原本的自有資本）＋借款一〇〇（借入資本）」，就能算出「借款後的總資本＝二〇〇」。

此時，若ＲＯＡ仍維持一〇％，則可由「總資本二〇〇×ＲＯＡ一〇％」算出利潤是二〇，意即借款後的ＲＯＥ是二〇％（＝利潤二〇÷自有資本一〇〇）。也就是說，ＲＯＥ從一〇％提升至二〇％。這便是所謂的**財務槓桿（槓桿效應）**。由此可見，若希望透過借款來提高收益，只要持續借入款項，利潤就會接連不斷地產生。

雖然財務槓桿能帶來如此誘人的效果，但也有一定的風險。若從財務健全的角度來看，**「ＲＯＥ應維持在ＲＯＡ的兩倍以下」**，也就是自有資本和借入資本應各佔一半。

以剛才提到的 Urban 為例，其ＲＯＥ是二八・二％，ＲＯＡ卻只有五・一％，不到ＲＯＥ的六分之一。ＲＯＥ和ＲＯＡ落差過大，代表借款金額過多（槓桿失衡），由此即可看出公司將倒閉的徵兆。若過度使用槓桿，將導致經營失敗（倒閉），因此如何拿捏很重要。

圖表25 何謂財務槓桿？

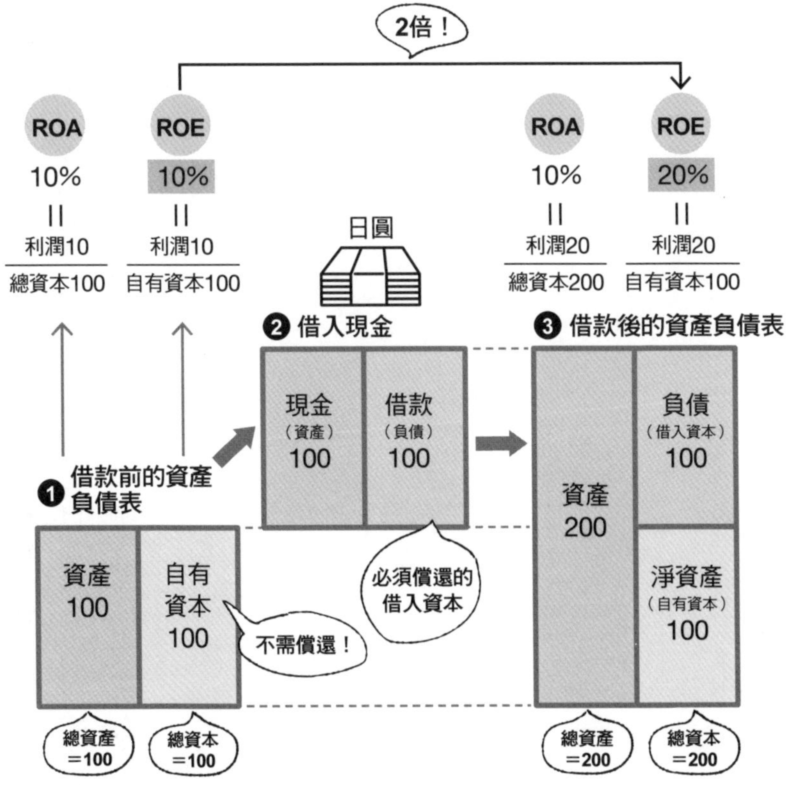

強化經營管理的祕訣

ROE 應維持在 ROA 的 2 倍以下。

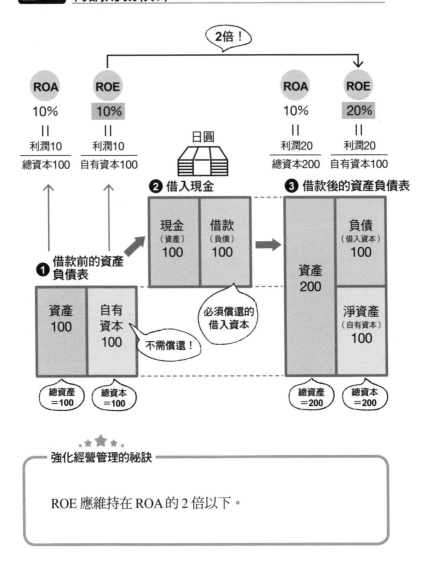

從評估財務風險的觀點來看，**財務槓桿應維持在三〇〇%以內**，意即自有資本須達三〇%以上。換句話說，資本中有三成為自有資本，剩餘的七成為借款，是健全經營的基本標準。無論是購買房屋還是經營事業，若能確保自有資金維持在兩到三成，將更安全踏實。

案例：提高坪效也是獲利手段，7-11、UNIQLO都這樣做

日本一家成長幅度顯著的餐廳「我的義大利菜」，十分重視**坪效**。所謂的坪效，是指單位店鋪面積（一坪≒三．三平方公尺）能夠創造出的營業額和利潤，也就是計算使用率和周轉率的指標。

- **每坪營業額＝營業額÷店鋪面積（坪）**
- **每坪利潤＝利潤÷店鋪面積（坪）**

舉例來說，當賣場面積是一百坪（三百三十平方公尺），月營業額是一千萬日圓時，可算出月坪效是十萬日圓／坪。像這樣算出每坪的月營業額（＝當月營業額÷店鋪面積），並觀察每個月的變化，再進一步和去年同期、其他店鋪或區域、其他公司

或業界標準進行比較。

餐飲業、服飾業等零售業或服務業，都會將坪效作為評價業績的指標。其中格外關注坪效，並設計出「三坪廚房」的，正是日本ORENO股份公司社長坂本孝。

只要縮減廚房的使用面積，就能降低固定成本，並利用多出來的空間設置座位，增加顧客數，但若是廚房過小，會讓作業效率變差。因此，坂本孝大幅改革業務流程，並設計出沒有任何空間浪費的立體廚房。

在精心設計的店鋪裡，若能豪邁地使用食材，並以親民的價格提供高品質的料理，自然能使顧客讚不絕口。當顧客持續上門後，店鋪的翻桌率就會提升，利潤也會跟著產生。這種經營模式的原型，是源自日本車站的立食蕎麥麵店、大阪炸串店，以及無法在店內待太久的立食居酒屋。

進行商業買賣的大原則在於，「將營收提升至極限，將成本壓至最低，利潤自然就會產生」。廚房只有三坪大、店鋪總坪數為二十坪的「我的義大利菜」餐廳，正是成功將坪效提升到最大，並不斷提升翻桌率的優秀典範。

近來許多擁有獲利體質的企業，例如經營UNIQLO的迅銷集團、日本便利商店市佔率最高的7-11，以及在都會區廣受歡迎的Soup Stock Tokyo，都紛紛開始實踐「提高坪效」的做法。

能夠思考「小小的一坪面積，究竟能創造多少營業額和利潤」，並日復一日地投注心力，是強化經營管理不可缺少的要素。此外，只要將坪數換成「公司部門」或「商品」，即可算出部門營運效率或銷售效率。**透過拆解數字，就能讓企業擁有全新觀點，進而塑造出獲利體質。**

用損益平衡點分析，看透成本、營收與利潤的三角關係

坂本孝重視的「坪效」，其根本存在「龍頭經營」這個基本概念。「龍頭經營」顯現了**「成本（Cost）、營收（Volume）、利潤（Profit）的三角關係」**，而這三者正是管理會計工具**「損益平衡點分析」**的三個關鍵要素。因此，損益平衡點分析又稱為「CVP分析」。

> 只要將營收提升至極限，將成本壓至最低，就能產生最大的利潤差距。（引自《阿米巴經營的實踐之道》，稻盛和夫著）

從以上這段話可以看出CVP分析的重要性。透過CVP分析來理解成本、營收

和利潤的關係，是創造獲利的基礎，每一家體質強健的企業都採行這樣的做法。

> 企業應思考必要的成本與合理的利潤，為服務創造附加價值後，再設定價格。若無法秉持這樣的思維，就很難維持現有的收益。（引自《危機就是大轉機：經銷商的革新》）

如同IRIS OHYAMA社長大山健太郎的提醒，企業若不能將成本、營收（價格）和利潤合在一起思考，便無法獲得利潤，最後只好黯然退出市場。

> 商品單價、顧客消費頻率、成本支出，以及商品價格設定，雖然是相當單純的計算，結果卻令人驚訝：只要提升顧客周轉數，就能使六〇%的成本率更容易創造出獲利。（引自《我的義大利菜，我的早午餐：如何創造穩居領先地位的競爭優勢》）

坂本孝顛覆餐飲界的常識，將成本率設定在六〇%（相當於其他同業的兩倍），卻依然能夠創造出獲利。他也將成本、營收（價格）和利潤合在一起思考，並透過數字理解獲利和**周轉數**密不可分的關係，這正是他成功的主因。由此可見，理解成本、營收和利潤的三角關係，是建構獲利機制必備的常識。

另外，將成本區分為變動成本與固定成本，也是創造獲利的基礎。不過，若只是透過一般損益表上可以看到的項目，例如營業成本和管銷費用等，來檢視成本，很難理解區分成本的重要性。因為這個觀念非常重要，在此再次說明。

首先，我們應瞭解固定成本和營業額的增減無關，變動成本則和營業額有連動關係，唯有運用固變分解分析成本，才能弄清楚成本、營收和利潤的三角關係。擁有獲利體質的企業深知分解成本的重要性，所以才能奠定強韌的根基。

前文提過，**進行固變分解的目的在於，釐清成本和營業額的關聯，進而找出「創造獲利的區域」**，並擬定將這個區域擴大的策略。

圖表21（129頁）和圖表26均說明，只要區分固定成本和變動成本，並擬定降低這兩項成本的對策，損益平衡點便會逐漸往左側移動。如此一來，創造獲利的區域就會在右側逐漸擴大，此時即使營業額不變，利潤也更容易產生。

圖表26 理解成本、營收和利潤的三角關係

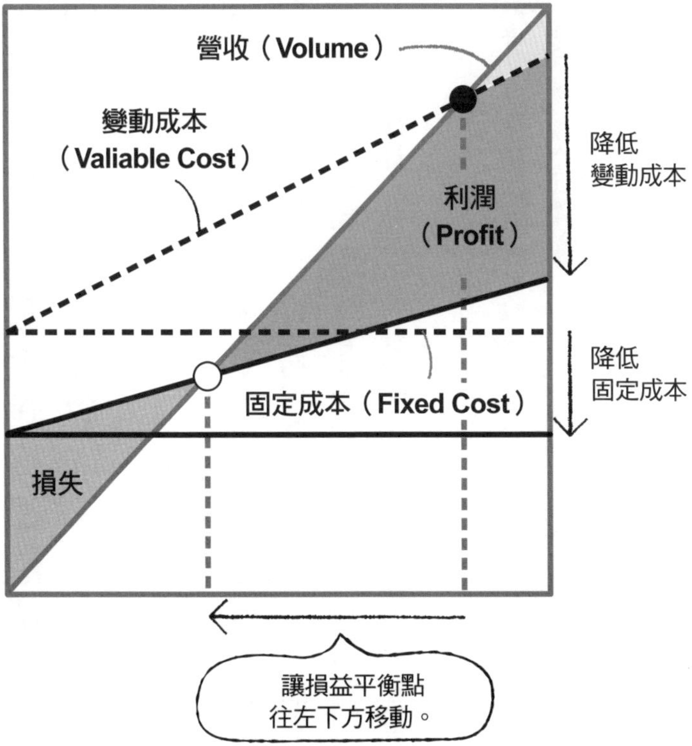

強化經營管理的祕訣

設法降低變動成本和固定成本，就能使創造獲利的區域擴大。

案例：UNIQLO用現金轉換循環法，拉開與競爭者的店數差異

在周轉的概念中絕不可忽視的重點之一，就是**周轉金**這項現金流量指標。

網路公司「CyberAgent」社長藤田晉，以「在涉谷工作的社長」打響名號，他過去就曾為周轉金困擾不已。即使營收提升，公司帳戶裡卻只剩下一點可用資金，最後甚至連公司電話都打不通。由於曾面臨此種困境，藤田晉非常重視這樣的觀念：

> 只要社長隨時注意流出的資金，公司就絕對不會倒閉。（引自《在涉谷工作的社長告白》，藤田晉著）

這是USEN董事長宇野康秀曾說過的話，藤田晉將其作為座右銘，幾經波折後

終於建立起今日的 CyberAgent。

因為現金相當於企業經營的血液，**周轉金便是維繫商業買賣的命脈**。一旦現金枯竭，縱使公司的收益再高，還是會像房地產公司 Urban Corporation 一樣，面臨倒閉的命運。

有句話說：**「強大的企業必定重視現金流」**，強調的正是周轉金的重要性。在服飾業界穩居領先地位的 UNIQLO 也奉行這一點。針對如何靈活運用周轉金，讓商業規模持續擴大的過程，董事長兼社長柳井正曾有以下論述：

> 加快展店的速度，營收和進貨就會增加，營運資金也會跟著增加。因為透過銷售獲得現金，而且以幾個月後才需兌現的支票來支付貨款，手頭上便出現多餘資金，也就是所謂的周轉金。企業可以將這些資金全數用於增設新分店時的設備投資。（引自《一勝九敗》，柳井正著）

像這樣將周轉金轉用於設備投資，並仔細檢視各種數字變化的經營者，柳井正可謂當今第一人。但持平而論，這麼做風險很高。對此，伊藤洋華堂創辦人伊藤雅俊提出他的看法：

> 周轉金看似能夠自由運用，但其實那是之後必須支付的費用。若習慣手邊有一定金額的可運用資金，往往會誤以為這些資金是自有資金，將其轉用於進貨或投資店鋪，這樣的經營者將可能落入資金周轉不靈的窘境。（引自《伊藤雅俊的經商之道》）

簡單來說，周轉金本來就不是自有資金，而是其他人的金錢。若擅自運用其他人的金錢進行商業買賣，一旦商品銷售不如預期，資金周轉就會立刻陷入困境，甚至導致企業倒閉。伊藤雅俊更提出「周轉金來得快，去得也快」這樣的忠告，他旗下的超市在處理周轉金時也相當謹慎。也就是說，企業必須讓資金周轉處於游刃有餘的狀態。

從柳井正和伊藤雅俊不同的主張可以看出，如何運用周轉金，取決於經營者的智慧。唯一能肯定的是，先理解周轉金的概念，就能避免企業經營走到懸崖邊緣，這也是讓企業穩居領先地位的必備知識。

呈現負數的周轉金，等於目前需要的營運資金

所謂的周轉金，是指因為商品進貨付款和銷售收款的時間差而產生的資金。舉例來說，進貨完成到支付貨款有三十天，而商品在第二十天賣出，也就是在支付貨款前便已先回收現金，因此產生十天份的多餘資金，這些資金即稱為周轉金。

像是食品或日用品等商品，從進貨到售出的所需天數不多，較容易產生周轉金。然而，一般的商業模式大多屬於先支付才回收帳款的情況。例如，從進貨到付款有三十天的時間，而在賣出商品回收資金前，對方以票期約八十天的支票支付貨款。此時，企業需要約五十天份（八十天－三十天）的資金。**這種呈現負數的周轉金，就是所謂的營運資金**。

在Urban Corporation這種周轉期間長且金額龐大的企業，這種現象更為明顯。在必須持續支付貨款，而且等商品售出才能回收資金的狀況下，一旦誤判資金流向，將

立即陷入資金短缺的困境，即使企業收益始終保持黑字，最後也會因為周轉不靈而走向倒閉。

因此，經營管理需隨時掌握呈現負數的周轉金，也就是營運資金的狀況。資金總是處於緊繃狀態的公司，代表資金相關知識不足，導致企業體質積弱不振。

為了強化經營管理，應注意以下幾點（見圖表27）：

①**降低庫存（庫存資產）**。

②**降低應收帳款（應收款項、應收票據等）**。

③**管理應付帳款（應付款項、應付票據等）的日期，並盡量延長支付期限**。

想降低營運資金，以上三點是不可缺少的策略。

CyberAgent社長藤田晉和USEN董事長宇野康秀，奉行的正是其中的第3點。

圖表27 周轉金與營運資金

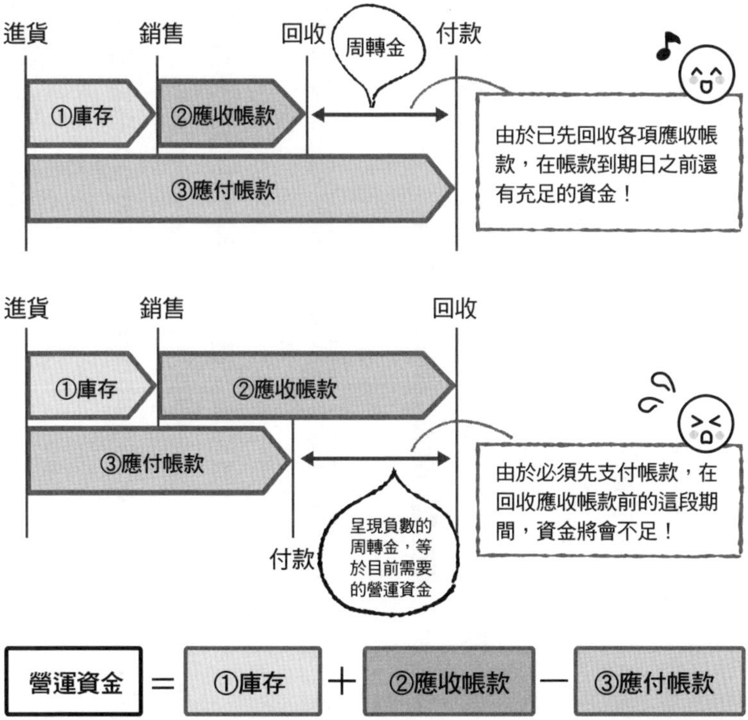

進貨
銷售
回收

付款
①庫存
②應收帳款
③應付帳款
由於已先回收各項應收帳款，在帳款到期日之前還有充足的資金！
進貨
銷售
回收
①庫存
②應收帳款
③應付帳款
付款
呈現負數的周轉金，等於目前需要的營運資金
由於必須先支付帳款，在回收應收帳款前的這段期間，資金將會不足！
營運資金 ＝ ①庫存 ＋ ②應收帳款 － ③應付帳款

強化經營管理的祕訣

「只要社長隨時注意流出的資金，公司就絕對不會倒閉。」

——USEN 董事長 宇野康秀

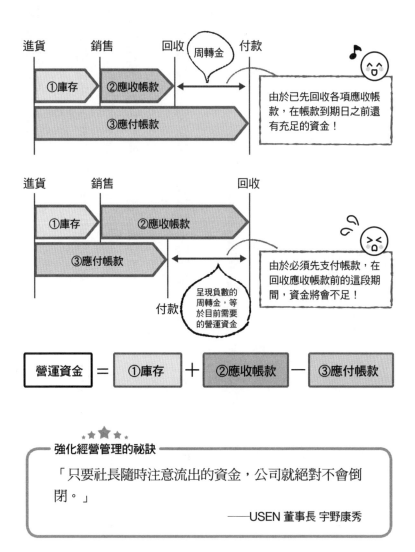

何謂現金轉換循環？

現金轉換循環（Cash Conversion Cycle，縮寫為CCC）是忠實呈現營運資金狀況的指標。其中的「Conversion」代表轉換，因此「現金轉換循環」就是指**轉換為現金（至回收現金為止）需要的天數**（見圖表28）。

現金轉換循環＝庫存資產周轉期間＋應收帳款周轉期間－應付帳款周轉期間

現金轉換中的第一項要素，是**庫存資產周轉期間**（＝庫存資產÷月營業額），可用來掌握庫存資產（商品、在製品、原料和存貨）的實際狀況。這裡的月營業額，是指每月平均營業額（＝年度營業額÷12）。

第二項要素是**應收帳款周轉期間**（＝應收帳款÷月營業額），可用來掌握應收帳款（＝應收票據＋應收款項－預收帳款）的實際狀況。第三項要素則是**應付帳款周轉期間**（＝應付帳款÷月營業額），可從中看出應付帳款（＝應付票據＋應付款項）的增加速度。

圖表28　何謂現金轉換循環？

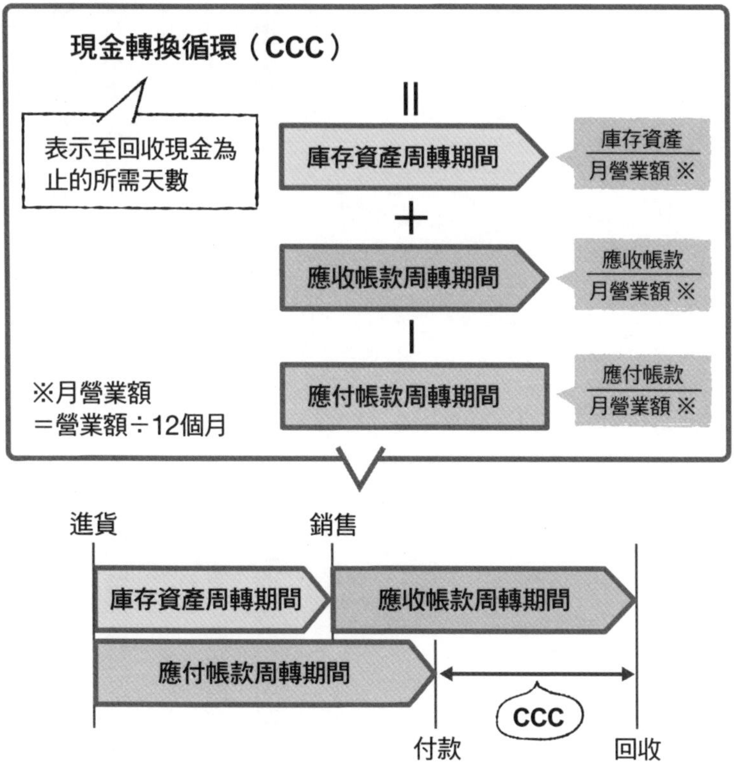

強化經營管理的祕訣

現金轉換循環的數值越小，創造現金流的能力就越強。

比方說，餐飲業或旅館業等以日為單位來計算營收的業種，現金轉換循環有時會出現負數。這是因為以現金進行商業買賣（應收帳款周轉期間為零），而且庫存資產當中也沒有不需要的存貨（庫存資產周轉期間為零），於是現金轉換循環的計算結果自然為零。

我再次強調，現金轉換循環是掌握現金回收速度、檢視現金流量的一項指標。**當現金轉換循環越小，也就是循環週期越短，代表創造現金流的能力越強，越具有競爭力。**

3種方法為財務報表把脈，看出數字背後的商機

本書一再強調，企業若想穩居領先地位，數字是不可缺少的要角，經營者對數字的敏感度將導致截然不同的結果。然而，這當中的差異其實只有一線之隔。和我長期往來的公司、醫院等機構，不乏上市公司，經過我協助修正後，往往能大幅向前邁進。

運用數字讓企業產生飛躍性成長，絕不是什麼困難的事。只要理解本書內容並加以實踐，便能讓企業體質變得更加強健。

理解財務報表的相互關係是第一步

各位已經瞭解，檢視ROA和ROE非常重要，這兩項收益性綜合指標也是許多

企業十分重視的數據。

ROA是以「利潤÷總資產」算出，因此檢視損益表當中的利潤、資產負債表當中的總資產餘額，並理解這兩種報表的關聯，是強化經營管理的基本功。特別是掌握各項數字的關聯，意即**以各種角度檢視數字**，更是不可缺少的關鍵。

此外，還必須注意ROA的分母和分子，**分解這些數字，並運用非財務指標加以檢視也很重要**。舉例來說，前面提過的坪效，便是以「面積」（坪數）這項非財務指標，除以「利潤」（ROA的分子）這種財務指標所得出的數字。

將非財務指標一併納入檢視，就能清楚看出創造獲利的項目有哪些，並找出因應對策。

透過周轉金、營運資金，為企業經營把脈

另一方面，我們也應留意包含在總資產（ROA的分母）內的各資產項目，並檢視其周轉率。從資金運用效率的觀點來看，周轉金和營運資金都可說是企業經營的命脈。檢視這兩項指標，是讓企業穩居領先地位的關鍵（見圖表29）。

圖表29　從ROA和ROE來檢視各項數字的關聯

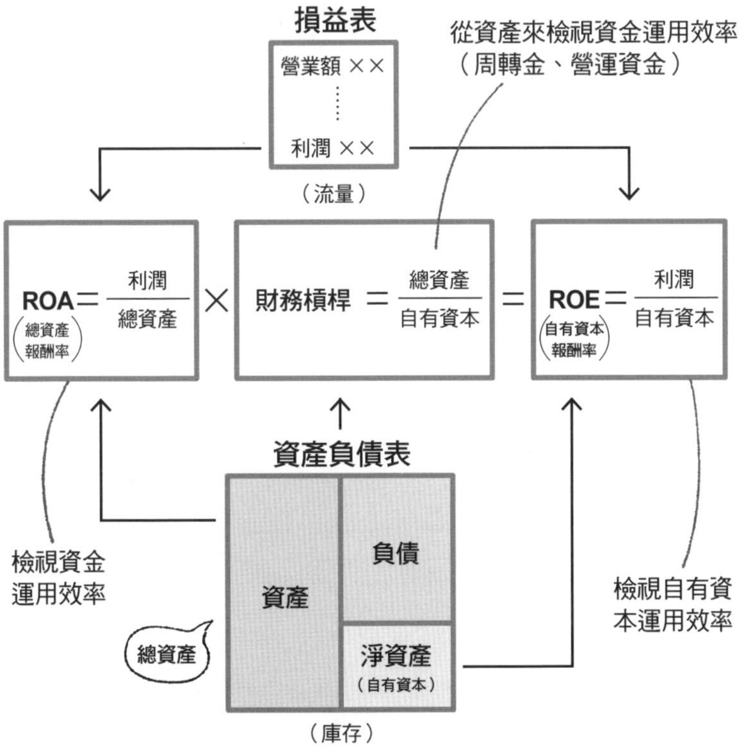

強化經營管理的祕訣

理解 ROA 和 ROE 的關係，是強化經營管理的基本功。

此外，ROA可以用「ROE＝財務槓桿×ROA」的算式來呈現，其中財務槓桿的檢視方式如前所述，當中也有許多值得深入探討的部分。

光是這樣檢視ROA和ROE，就足以找出各種塑造獲利體質的必備要素。我可以篤定地說，透過數字掌握經營狀況，才能奠定強韌的企業根基。

接下來的章節，將進一步剖析各項數字的意義。

專欄

進入注重市場價值的時代，財報分析也要跟著調整

理解圖表 23（139頁）中財務三表的相互關係，是塑造獲利體質的關鍵。其中，資產負債表的檢視方法更是隨著時代變遷，產生相當大的變化。

二十世紀之前，「成本原則」始終被認為是主流做法。所謂的成本原則，是指將資產依照原本取得時的價格記錄在帳簿上。

但進入二十一世紀時，會計受到全球化浪潮的影響，國際財務報告準則（International Financial Reporting Standards，縮寫為 IFRS，編註：指國際會計準則理事會〔IASB〕編寫發布的財務會計準則和解釋公告，以便世界各國的公司相互理解，並交流財務資訊）主張的「公平市價原則」逐漸受到矚目。

所謂的公平市價原則，是指不應以買進時的價格入帳，而應以能反映出「公平價值」（編註：指買賣雙方對交易的各事項有充分共識）的市價來代替。

在這樣的討論越演越烈之際，包括資產減損會計、稅務會計、退職給付會計等議題，也陸續浮上檯面，使得作為企

業經營工具的財務報表也漸趨複雜。

此外，IFRS 重視資產負債表（IFRS 將其稱為「財務狀況表」）更勝於損益表（IFRS 將其稱為「綜合損益表」），也是源自上述主張。

重點整理

- ☑ ROA和ROE是顯示收益狀況的兩大綜合指標，兩者均應維持在五%以上。
- ☑ 財務槓桿控制在三〇〇%以內，也就是自有資本至少佔總資本的三成，是健全經營的基本標準。
- ☑ 坪效是餐飲業、服飾業衡量業績的重要指標。
- ☑ 透過損益平衡點分析，釐清成本、營收和利潤的三角關係，找出能夠創造獲利的區域，就能進一步提升利潤。
- ☑ 現金轉換循環越小，也就是循環週期越短，代表創造現金流的能力越強，越具有競爭力。

編輯部整理

NOTE

NOTE

「讓整間店面被商品佔滿是不對的，因為無論如何都不可能滿足所有顧客的需求。」

——IKEA 創辦人兼大股東　英格瓦・坎普拉

引自《四海一傢 IKEA：從瑞典到世界，宜家傢俱帝國傳奇》

第 5 課

如何讓暢銷品不缺貨，滯銷品零庫存？

案例：IKEA集中火力狂賣暢銷品，而不是……

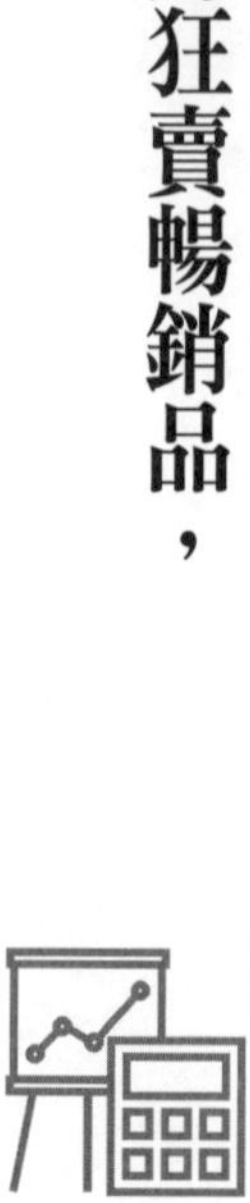

IKEA創辦人英格瓦·坎普拉將經營理念與願景：「帶給更多人更舒適的每一天」，撰寫成《某位家具商人的誓言》。本課開頭引用其中一段話，其實這句話還有後續：

> 不僅如此，我們必須努力建構品牌形象。想一次宣傳所有商品是不可能的。我們無法一次征服所有市場，因此應聚焦消費者需求，設定能夠獲得最大效果的目標，並反覆思考如何以最少資源來達成目標。（引自《四海一傢IKEA：從瑞典到世界，宜家傢俱帝國傳奇》）

英格瓦．坎普拉強調，由於經營資源有限，企業應思考要銷售哪些商品，也就是聚焦消費者需求。此外，他認為企業必須努力建構品牌形象。

品牌形象：將重心放在我們公司的基本商品，也就是「典型的ＩＫＥＡ商品」。（引自《四海一傢ＩＫＥＡ：從瑞典到世界，宜家傢俱帝國傳奇》）

英格瓦．坎普拉希望自家商品能夠呈現出ＩＫＥＡ獨有的風格與創意，並將這些商品和ＩＫＥＡ的本業緊密連結。只要是ＩＫＥＡ的商品，就必須具備耐用、方便使用的特性，還要帶給顧客新鮮感。

第1課提過，即使是可創造出高毛利的小熊布偶，也不能讓它們佔據整間店面。在理解這樣的概念後，可以開始思考如何銷售本業的商品。重點在於，區分出暢銷品和滯銷品。一般企業因為經營資源有限，自然會選擇將暢銷商品作為銷售主力。本課要探討的，正是哪些數字能強化暢銷品的銷售力道。

案例：7-11活用ＰＯＳ系統，避免缺貨造成「機會損失」

對於銷售狀況良好的暢銷品，企業當然希望持續創銷售佳績。相對地，銷售狀況不佳的滯銷品就如同燙手山芋，最好盡早擺脫。

而且，所有商品都無法創造出相同的利潤，因此ＩＫＥＡ創辦人提出這樣的論點：**將商品區分為暢銷品和滯銷品，集中火力銷售能獲得顧客青睞的商品**。

然而，這麼做還是必須面對庫存管理的問題。因為太想提升暢銷品的銷售量，拚命增加暢銷品的品項，反而很難判斷暢銷品和滯銷品的差異，導致必須在庫存管理上花費更多心力。

過去ＩＫＥＡ也曾面臨棘手的庫存管理問題，後來改變供貨策略，依據商品周轉率進行管理，徹底防止庫存損失發生。

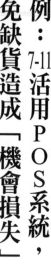

> 這項新策略是把只貢獻一〇%營收、品項數量卻佔總品項五〇%的滯銷品，放進兩處專門管理低周轉率商品的倉庫，並將這樣的管理模式擴展到全歐洲的分店。至於貢獻五〇%營收的高周轉率商品，則分別送到離市場較近的倉庫管理。這種方式使補貨率和店鋪配送率得以提升，形成良好的銷售循環。
>
> 此外，銷售狀況不佳的商品則固定集中在一兩處，如此即可減少安全庫存（編註：又稱保險庫存，是指為了防止不確定因素，例如訂貨期間拉長、交貨延期、臨時用量增加等，而準備的緩衝庫存）。（引自《IKEA模式為何能進駐世界》）

IKEA前任CEO安德斯．戴爾維格指出，「**暢銷品的缺貨問題**」和「**滯銷品的庫存問題**」，是庫存管理的兩大課題。

採取不斷增加暢銷商品的積極攻勢，本來就是進行商業買賣的一種策略。但若是過度關注暢銷品，反而無法掌握所有品項的銷售狀況，導致某些暢銷品缺貨，因此錯失銷售機會。另一方面，原本期待大賣的商品，銷售狀況卻不如預期，最後造成報廢損失，也是很常見的情況。

為了避免這種浪費經營資源的庫存損失，具備獲利體質的企業一定會掌握每項商品的動向，徹底執行**單品管理**。

依照銷售排名來檢視數字

7&I控股公司董事長兼CEO鈴木敏文曾說：

> 令人慶幸的是，7-11擁有可以順暢管理單品的POS系統。（引自《商業的創造》，鈴木敏文著）

許多強大的企業都擁有名為「POS系統」（編註：又稱作「銷售時點情報系統」，是指一種廣泛應用在零售業、餐飲業、旅館業的電子系統，主要功能為統計商品銷售、庫存與顧客購買行為）的經營管理系統，以進行庫存資訊管理。另一方面，也有許多企業雖然採用POS系統，卻依然積弱不振。兩者的差異在於，解讀和運用數字的方式不同。採用POS系統後，確實能夠檢視各種數字，但若是無法善用這些數字，便很難擺脫孱弱的經營狀態。

每當我在董事會或研討會上提及單品管理的重要性時，總是有人反駁：「我們公司的商品有好幾千種，怎麼可能逐項管理呢？」這正是不瞭解如何使用數字的典型案例。

事實上，本來就沒必要檢視所有的數字。**我們應聚焦在關鍵數字上，並依照重要程度來分析它們背後的涵義**。這是企業穩居領先地位必備的要件。在此，可以運用和ABC分析法（參閱第3課）相同的邏輯來思考。

首先，將各項商品排序，接著根據優先順位進行單品管理，這樣的程序在經營管理上非常重要。具體而言，要檢視營收數字時，只需挑選出銷售排名前三十或五十名（頂多前一百名）的商品，並加以檢視即可。不過，在思考商品的重要性時，必須將業種或業界的差異納入考量。因此，將數字分解為「P×Q」來檢視，也是應該注意的重點。

舉例來說，營業額會以「銷售單價×銷售數量」或「客單價×顧客數」來計算。

此時，必須思考如何定義「銷售前一百名的商品」，也就是要以營業額、銷售金額或銷售數量來統計。這段討論評估的過程，是讓經營管理更上軌道的關鍵。

準確掌握可能缺貨的商品

比方說，當企業希望掌握庫存商品中的暢銷品，並挑出佔營業額前一百名的重要商品品項時，應將各項商品的庫存數據依照銷售金額排序，藉此挑出前一百名的商品。只要準備好相關數據，這項作業便可透過EXCEL輕鬆完成。

此時的經營課題在於，如何避免暢銷品的銷售機會損失，因此應以挑出的重要商品數據作為基礎，掌握可能缺貨的商品。這項作業可以搭配第4課的周轉概念來進行。

❶每日平均銷售量＝每月或每年銷售量÷計算天數

❷庫存天數＝月底庫存數量÷每日平均銷售量

如算式❶所示，計算期間可分為一個月、三個月（一季）、六個月（半年），或是一年等，再將該期間內的銷售數量除以計算天數，便能算出可視作庫存周轉狀況的每日平均銷售量。接著，只要將月底庫存數量除以算式❶的結果，即可算出算式❷中的**「庫存天數」**，也就是根據目前的銷售成績，推算庫存能夠支撐的天數。

舉例來說，假設一個月（三十天）的銷售數量是六十個，每日平均銷售量則為二個（＝六十個÷三十天）。當月底庫存數量是六個時，庫存天數則為三天（＝六個÷二個／天）。再假設「若庫存天數低於三天，很可能會出現缺貨狀況」，這時候要挑出「庫存天數在三天以內」的商品數據，依此研擬對策，以減少暢銷品的銷售機會損失。

這裡作為基準值的「三天」，代表商品從採購到入庫為止的所需天數，也就是所謂的**交貨期**。比方說，在「庫存天數（三天）比交貨期（十天）短」的狀況下，調集暢銷品需要七天，於是這段期間該商品會呈現缺貨狀態。

為了減少暢銷品的銷售機會損失，必須以「庫存天數≧交貨期」來計算。特別是市面上有其他替代商品時，要格外當心。像是茶飲或啤酒等容易被取代的商品，即使只是暫時缺貨，也可能立刻被競爭對手搶走市場。

關鍵在於，**銷售狀況良好的暢銷品必須維持和交貨期相同的庫存天數**。如此一來，可以減少日後缺貨的可能性。

只要留意缺貨天數，就能讓業績增加10倍

有些企業或許已經面臨缺貨導致銷售損失的狀況。想改善這樣的問題，應先掌握目前的缺貨狀況，並加以檢討。

在此，我們必須注意**銷售數量和期末庫存數量為零的庫存數據**。這當中包含「因銷售不佳而庫存為零」，以及「因庫存為零而無法銷售」兩種狀況，應先將兩者區隔開來。

前者是缺乏銷售機會的商品，後者是雖有銷售機會，但沒有庫存而無法銷售的商品，兩者有著本質上的差異。當因庫存為零而無法銷售時，發生機會損失的可能性就變大。

為了瞭解庫存現況，請運用剛才算出的每日平均銷售量，確實掌握銷售狀況不佳的品項。即使某項商品曾有過不錯的每日平均銷售量，一旦月底庫存數量為零，就無

法銷售。也就是說，即便該商品有銷路，卻因為沒有庫存而無法銷售，將導致企業蒙受機會損失。

一般庫存資料中都包含「缺貨天數」這項數據，只要善加運用，就能避免機會損失產生。即使沒有這項數據，透過EXCEL等工具，計算從庫存歸零那一天到月底等基準日為止的天數，也可輕鬆算出缺貨天數。只要善用缺貨天數，再以真實數字來呈現機會損失，便能實際感受到「原來我們公司已經損失這麼多」，使管理階層產生危機意識。

缺貨數量＝每日平均銷售量×缺貨天數

缺貨金額＝銷售單價×缺貨數量

舉例來說，當該商品的每日平均銷售量是五個，缺貨天數是三天時，缺貨數量即為「五個×三天＝十五個」。假設一個商品賣十萬日圓，缺貨金額則為一百五十萬日圓。

像這樣將經營損失化為明確的數字，就能切實感受到「原來我們浪費這麼多收益，今後得設法避免銷售機會損失才行！」

活用數字將帶來顯著效果，而且隨著檢視數字的方法不同，經營模式也會跟著改變。

檢視資產負債表，可以減少滯銷品的「報廢損失」

降低暢銷品銷售機會損失的重要性無須贅言。另一方面，減少滯銷品的報廢損失也同樣不可輕忽。銷售狀況不佳的商品，在會計上必須認列「**庫存資產評價損失**」，藉此找出利潤減少的主因。

在此我們應先確認，哪些資產能夠代表庫存資產。在資產負債表左側記載的資產，大致可分為以下三種：

①目前持有的現金（包括現金、存款等）。

②可轉換成現金的項目（應收款項、應收票據等應收帳款與庫存資產）。

③能創造出現金的項目（建築物、器材設備等固定資產）。

①現金是指可動用的現金與存款等。如果現金為美金等外國貨幣，應換算成本國貨幣，再重新評價。舉例來說，假設以一美元兌一百二十日圓的匯率取得外匯帳款，但期末時匯率卻下跌至一美元兌一百日圓，就會出現二十日圓的匯差，會計必須將其認列為「匯差損失」，並記入損益表。

②未來將轉換成現金的應收款項或票據等，也必須重新評價。若經營狀況不佳的客戶倒閉，就無法回收帳款，因此應重新評價這些款項。會計當中的「備抵呆帳」項目正是為此而設（編註：備抵呆帳是應收帳款的抵銷科目，用來表示應收帳款中預估無法回收的金額）。

③能創造出現金的建築物或器材設備等，也必須重新評價。建築物會隨著使用時間拉長而漸趨老舊，其價值也會跟著降低。這時，損益表上必須認列折舊費用。此外，當工廠收益狀況惡化或創造獲利能力下降時，便必須認列工廠建築或器材設備的「減損損失」。

檢視資產並重新評價後，若產生評價損失，就要在損益表中認列損失。也就是說，資產負債表和損益表有著密不可分的關係（見圖表30），我們可以將這樣的關係想成是一面圍牆。

先理解資產負債表和損益表的基本架構：「資產會因為重新評價而產生支出或損失」，是強化經營管理不可缺少的步驟。

事實上，資產當中有所謂的正資產，也有所謂的負資產。在資產負債表中，會將「積極財產」（編註：指資產多於負債）視為正資產記入左側，而付息負債等會導致現金流失的「消極財產」，則視為負債記入右側。積極財產和消極財產的差額則以「淨資產」表示，也就是將原有資金和過去的累積盈餘合計後，記入資產負債表右側。

像這樣將資產、負債、淨資產這三項正資產、負資產、差額資產，分別記入資產負債表，便是資產負債表的基本架構。

圖表30 財務報表的基本架構

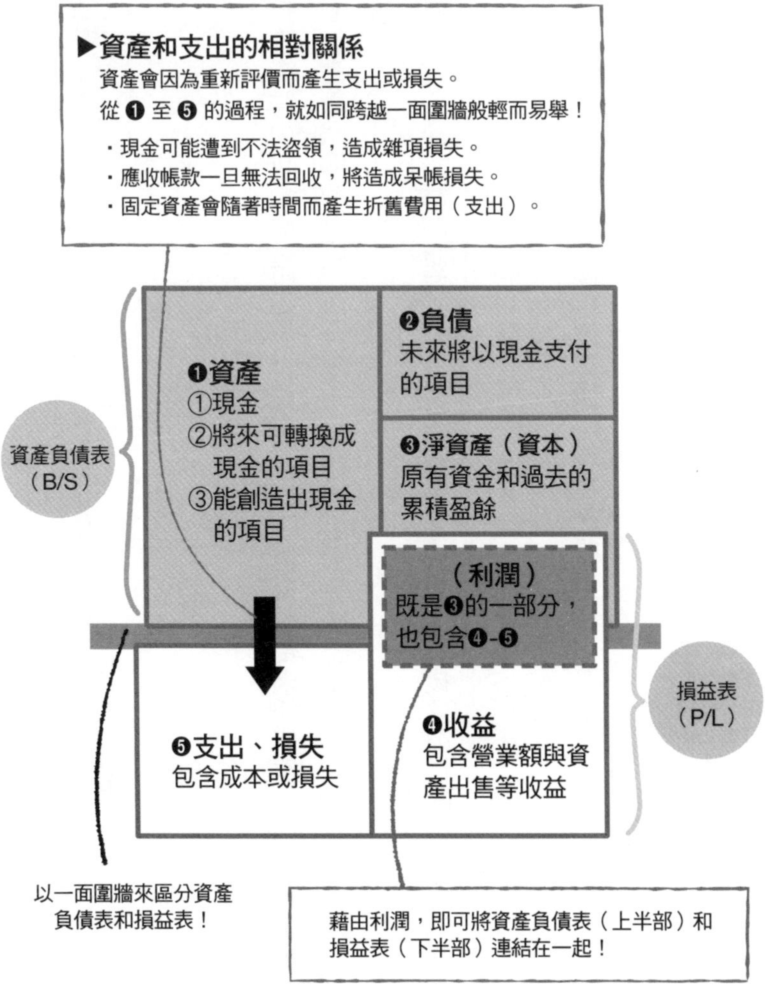
▶資產和支出的相對關係
資產會因為重新評價而產生支出或損失。
從 ❶ 至 ❺ 的過程，就如同跨越一面圍牆般輕而易舉！
・現金可能遭到不法盜領，造成雜項損失。
・應收帳款一旦無法回收，將造成呆帳損失。
・固定資產會隨著時間而產生折舊費用（支出）。
資產負債表（B/S）
❶資產
①現金
②將來可轉換成現金的項目
③能創造出現金的項目
❷負債
未來將以現金支付的項目
❸淨資產（資本）
原有資金和過去的累積盈餘
（利潤）
既是❸的一部分，也包含❹-❺
❺支出、損失
包含成本或損失
❹收益
包含營業額與資產出售等收益
損益表（P/L）
以一面圍牆來區分資產負債表和損益表！
藉由利潤，即可將資產負債表（上半部）和損益表（下半部）連結在一起！

計算庫存周轉率，重新評估滯銷品的價值

庫存資產當中包含滯銷庫存，這些庫存無法對營收帶來任何貢獻。此時，必須評估這些處於滯銷狀態的資產「能以多少價格賣出」，確認能創造的收益，並在會計上重新評價。

在管理這些滯銷品的庫存時，可以運用第4課的周轉概念，搭配以下算式進行判斷：

庫存周轉期間＝庫存資產平均餘額÷月營業額

算式中的「平均餘額」，是顯示一定期間內平均餘額數字的指標，也稱為**「平均盈餘」**。就像金融機構以存款餘額和存入期間計算利息一樣，只要將期初和期末的餘

額相加，再除以二即可（見圖表31）。

平均餘額＝（期初餘額＋期末餘額）÷2

假設在會計年度期初有四百萬日圓，期末時商品等庫存資產共有六百萬日圓，庫存資產平均餘額則為「（四百＋六百）÷二＝五百萬日圓」。接著，將這個平均餘額除以月營業額，就能算出**庫存周轉期間**，也就是庫存轉換為營業額的所需天數（五百萬日圓÷兩百萬日圓＝二．五個月）。這便是掌握滯銷庫存的基本技巧。

所謂的月營業額，是以年度營業額除以十二個月所得到的數字，也就是「當月平均營業額」。舉例來說，當年度營業額為兩千四百萬日圓時，月營業額則為「兩千四百萬日圓÷十二個月＝兩萬日圓」。

想確認每個月的庫存周轉期間，可用「（前月底庫存＋本月底庫存）÷二」來算出平均餘額，再除以當月平均營業額。碰到上市時間尚短，缺少年度銷售數據的狀況時，即可採取這種做法。

這裡提到的「**庫存周轉期間（月）＝庫存資產平均餘額（日圓）÷每月平均營業**

圖表31 資產負債表的結構，與周轉分析的計算邏輯

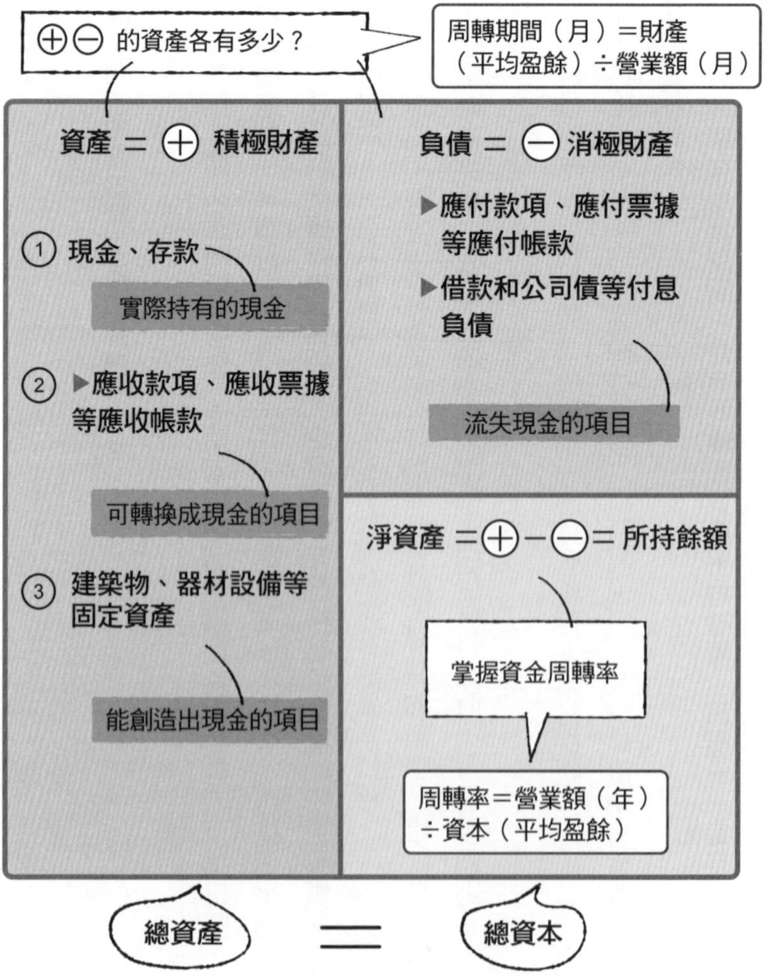

額（日圓）」，也可以用「個數」等數量單位，來取代「日圓」等金額單位。只要明白經營管理必備的數字都是由「P×Q」構成，就能理解以數量取代金額的計算方式。

此外，有時也會用庫存周轉率來取代庫存周轉期間。

庫存周轉率＝營業額÷庫存資產平均餘額

這個周轉率的算式，其實只是將周轉期間的分母和分子對調而已。假設以一年為單位，「營業額兩千四百萬日圓÷平均餘額五百萬日圓＝庫存周轉率四・八次」，可以換算出每一周轉為「三百六十五天÷庫存周轉率四・八次＝七十六天」。若以每月三十天計算，則為「七十六天÷三十天＝二・五個月」。

換句話說，庫存周轉率四・八次和周轉期間二・五個月，是相同的周轉概念，唯一的差異在於以次數或月來呈現（見圖表32）。

再補充一點，算式中的營業額也可以用進貨成本來取代，因為商品庫存代表進貨品項尚未賣出。只要這樣思考，就能理解用進貨成本來計算周轉的方法。

圖表32 周轉期間和周轉率的差異

〈預設條件〉
年度營業額2400
年度銷售成本1500
商品餘額：
期初400，期末600

分析的著眼點		周轉率	周轉期間
		一段期間內新舊商品交替的次數	商品替換一次需要花費幾個月
分析的著眼點	營業額＝產生利潤	❶營業額（年）2400÷平均盈餘500※1＝周轉率4.8次	❷平均盈餘500÷營業額（月）200※2＝周轉期間（月營業額倍率）2.5個月
分析的著眼點	支出額＝產生成本	❸銷售成本（年）1500÷平均盈餘500※1＝周轉率3次	❹平均盈餘500※1÷銷售成本（月）125※3＝周轉期間4個月

※1 商品盈餘＝（期初400＋期末600）÷2＝500
※2 營業額（月）＝年度營業額2400÷12個月＝200
※3 銷售成本（月）＝年度銷售成本1500÷12個月＝125

強化經營管理的祕訣

4 種周轉都代表相同的意義。

透過這樣的計算，便能找出**庫存周轉期間越長（周轉率越小），商品滯銷狀態就越嚴重**的原因，藉此判斷是否需要重新評估與調整。

聰明運用財報數字，能營造危機意識，也能激發幹勁

過去，我曾發現某家企業的帳簿出現明顯的庫存滯銷，於是秉持檢視現場、現物、現實的「三現主義」，前往生產現場視察，和其社長面談，進而確認該公司正不斷產生機會損失和廢棄損失。

事實上，他們販售的商品非常特殊，只有特定族群才有相關需求。然而，他們進貨的商品大多堆放在不見天日的倉庫裡，結果形成無法產生金流的滯銷庫存。

因此，我提出改善庫存管理的方案。這項方案執行起來非常簡單，那就是運用商品整理架，讓每個地方有多少庫存變得一目瞭然，同時整理庫存數據，使各項數字的關聯變得更明確。

如此一來，可以立即減少滯銷庫存，並從中找出能成為暢銷品的品項，創造龐大的金流。該社長對這樣的提案相當滿意，於是進一步升級公司網站，如今已擴展成一家跨國企業。

想使經營狀況變好，**必須善用數字，營造出危機意識**。例如，提醒「如果庫存再這樣持續增加，可能會引起銀行的注意」等風險，藉由實際數字讓經營高層或幹部產生危機意識：「這感覺不太妙，究竟該如何是好」，進而詢問部屬：「如果是你，你會怎麼處理」，使公司全體都有面對危機的意識。

針對一般員工，企業也必須設定讓他們對未來懷抱期望和夢想的數字。「只要做到這一步，公司就能有這樣的成長，大家再加把勁吧！」透過提示數字的方式，有效提升員工的幹勁。尤其是對新進員工來說，只營造危機感，反而可能使他們自亂陣腳，所以必須讓他們對未來產生期待。

此外，將數字運用在經營上，以相同指標定期進行檢視，也是要注意的重點。

我把以每年、每月、每週、每天為單位定期檢視的做法，稱為「魚眼檢視法」。透過這種方法，可以盡早發覺經營管理方面的問題與異常狀態，快速採取因應對策。具備獲利體質的企業，都確實執行這樣的做法。

把握交叉比率與EOQ，讓庫存都變成暢銷品

我們已經知道，「暢銷品的缺貨問題」和「滯銷品的庫存問題」，是庫存管理上的兩大課題。能順利解決這兩大課題的企業，必定善用交叉比率和EOQ等數字，並勇敢地投入各種挑戰。

交叉比率（＝周轉率×毛利率）是衡量獲利能力的經營指標。例如，當某項商品的庫存周轉率是四・八次，毛利率是二五％時，可得出交叉比率為一・二，並且從這個數字可以算出，每一日圓庫存資產可創造一・二日圓的毛利。

EOQ（Econnmic Order Quantity，經濟訂單量）這項經營指標，是用來檢視保管費或訂貨成本等支出項目，藉此找出將庫存成本降到最低的訂購數量。

透過這些數字，可以進行適當的庫存管理，使庫存資產中持續保有暢銷品，建構出獲利機制。在此，我以兩家企業的案例來說明。

迅銷集團採取「使暢銷品更暢銷，滯銷品也能順利出清」的兩段式折扣，徹底進行庫存管理。其經營者柳井正曾在著作中提到：

> 商品的折扣方式有兩種，一種是期間限定的「限定折扣」，另一種則是將折扣後的金額直接作為銷售價格，也就是所謂的「調整售價」。前者是以商品原本的售價來做折扣，後者則是將售價調低後再銷售。（引自《僅限一天的成功》，柳井正著）

限定折扣在假日等特定時間才會進行，是為了讓消費者更瞭解商品的一種引誘策略。抱持「東西好就能賣」這種觀念的日本經營者，總是想盡力做出好商品。然而，就算做出再好的商品，若不能讓消費者充分瞭解，他們也不會購買。因此，採取限定折扣的方式，讓消費者以優惠價格試用商品。

另一方面，調整售價則是在用盡各種方法都無法提升銷售量，滯銷商品將成為庫存負擔時，藉由調低售價來出清庫存，本質上和限定折扣大不相同。

調整售價是為了貫徹現金經營，因為只要賣出庫存，就能換取現金。所以，柳井正提出**「持續調整售價，直到庫存完全消化為止」**的策略，絕不將庫存留到下一季。也就是說，調整售價是基於讓消費者掏錢購買的市場訴求，加強商品的低價宣傳，藉此達到貫徹現金經營的目的。

從這個例子可以看出，即便只是折扣策略，也隱含強大企業建構的獨特體制，他們鑽研消費者心理，透過數字在這方面下足工夫。柳井正曾斷言：

> 數字是不會說謊的。（引自《僅限一天的成功》）

把模具當作庫存

第二個例子是日本東北大企業 IRIS OHYAMA，在庫存管理上採取創新做法。

為了不使庫存過多並避免缺貨，本公司基於「以模具當作庫存」的概念，自行生產許多模具和機械。一般企業通常會大量製造佔據空間的商品，並將它們保存在倉庫裡，然後轉運出貨，這樣反而會導致庫存保管費比製造成本還高。（引自《危機就是大轉機：經銷商的革新》）

生活用品大廠 IRIS OHYAMA 秉持上述模具庫存的概念，讓業績持續成長。其實，依據數字降低成本的觀念也深植其中。

IRIS OHYAMA 的經營者大山健太郎認為，要降低暢銷品的銷售機會損失，庫存當然有必要，但同時會產生庫存管理上的支出。然而，減少庫存也會造成缺貨風險。為了解決這個惱人的問題，大山健太郎設想出模具庫存的概念。

一般而言，為了不造成機會損失，必須讓銷售狀況良好的暢銷品保有一定的庫存。若是採取模具庫存的方式，只需管理一個模具，在需要進行生產時，將模具取出即可。大山健太郎這種獨特的想法，著實深具意義。事實上，這種經營模式背後的根源，從古至今都未曾改變。

IKEA販售組裝式家具的起因是……

其實，北歐企業代表IKEA的經營方針，同樣不離降低成本。

原本IKEA販售的是組裝完成的制式家具，但在運送過程中經常造成家具損傷，負責賠償的保險公司對此多有抱怨，不願再和他們簽訂保險契約。因此，IKEA必須自行負擔這些賠償費用，導致支出大增。

此時，IKEA創辦人英格瓦．坎普拉提出「不事先組裝也能銷售」的反向思考：

> 後來，我們不再只注重家具的外觀，而是配合工廠的器材設備，也就是以工廠能夠低價生產的家具零組件來進行設計。這樣的設計可以減少工廠製造與運送過程中的各項支出，也能壓低實際銷售給顧客的價格。（引自《四海一傢IKEA：從瑞典到世界，宜家傢俱帝國傳奇》）

因此，ＩＫＥＡ發展出組裝式家具，也是基於降低成本的考量。

英格瓦．坎普拉的接班人安德斯．戴爾維格認為，ＩＫＥＡ能夠大幅成長，正是因為不斷檢視庫存管理制度，並對此提出以下論述：

> ＩＫＥＡ特別重視兩點，一項是運送到店鋪的商品必須直接送往賣場，如此一來店鋪內部不需增設保存空間，另一項則是重新檢討商品的包裝方式，並增加貨車一次能運送的數量。當商品抵達店鋪後，只需經過簡單步驟，即可直接上架銷售。這便是將包裝徹底活用的做法。（引自《ＩＫＥＡ模式為何能進駐世界》）

ＩＫＥＡ的創辦人及其繼任者，都強調庫存管理的重要性。對於「如何管理庫存，才能創造出高效率和豐碩的經營成果」，ＩＫＥＡ的答案是：能夠直接銷售的包裝手法，而 IRIS OHYAMA 的答案則是模具庫存。

由上述兩個例子可知，ＩＫＥＡ與 IRIS OHYAMA 這兩家大企業，之所以具備獲利體質並穩居領先地位，就是因為他們有一個共通點：抱持降低成本的觀念，隨時注意第一線的數字變化。

大山健太郎還曾表示：

在今日如此嚴峻的現實環境裡，許多製造商和零售商常將商品銷路不佳歸咎於景氣差。然而，這種想法並不正確，因為無論在多麼不景氣的時代，都有企業能突破困境，確實賣出商品並獲得利潤。（引自《危機就是大轉機：經銷商的革新》）

由此可見，唯有透過各種觀點來檢視數字，才能在不景氣的時代殺出重圍。

專欄

檢視財報數字時，重點在於區分出好壞

「數豆子的人最大的缺點在於專司防禦，傾向保守而悲觀（中略）。光是不停數著豆子，絕對無法回應需求並贏得競爭。」

李・艾科卡（Lee Iacocca）過去成功重建美國汽車三大龍頭之二的福特及克萊斯勒。他曾用上述名言來諷刺會計。他把會計比喻成「數豆子的人」，還說出以下這段話：

「福特汽車最大的弱點在於財務會計（中略）。如果缺少數豆子的人，企業將不斷浪費經營資源，最後只能面臨倒閉的命運。」（以上節錄自《李・艾科卡：經營的戰鬥精神》）

由此不難看出，他對會計業務的本質也有深刻的認識。

若只是粗淺地認識數字，很難掌握這些數字的本質，而淪為單純的計算。舉例來說，從「ROE＝利潤÷自有資本」的算式來看，即可瞭解「減少作為分母的自有資本，就能提

升 ROE」這種相互關係。

的確，只要 ROE 處於高值，便可獲得容易借到款項等短期優勢。但減少資本這個動作本身，無法使實際經營情況產生變化。

想**從長遠角度來強化經營管理**，只「數豆子」是不夠的，得懂得「區分豆子的好壞」。以 ROE 為例，應從 ROE 的分母和分子一起著手，藉由數字設法提升獲利。換句話說，必須用各種數字來檢視企業的經營管理才行。

重點整理

- ☑ 為了避免暢銷品的銷售機會損失，必須徹底進行單品管理，關鍵在於維持和交貨期相同的庫存天數。
- ☑ 計算庫存周轉期間或庫存周轉率，是掌握滯銷庫存的基本技巧。
- ☑ 定期檢視各種數字，就能盡早發覺經營管理方面的問題與異常狀態，快速採取因應對策。
- ☑ 善用交叉比率和ＥＯＱ這兩項經營指標，就能順利解決暢銷品缺貨和滯銷品的庫存問題。
- ☑ 具備獲利體質的企業都抱持降低成本的觀念，並隨時檢視第一線的數字變化。

編輯部整理

NOTE

NOTE

「在經營上，結果（數字）就是一切，企業必須徹底根除三種浪費。」

——積極推動企業併購，使公司獲得飛躍成長的
日本電產創辦人、董事長兼社長 永守重信

引自《當一個「服人者」！》，永守重信著

第 6 課

如何不浪費成本？
6 招教你有效活用資源

案例：豐田汽車排除3種浪費，打造最佳分配組合

經營資源包含人員、物品、金錢、時間、資訊、專業技術等項目，如何運用這些資源，將明顯區分出經營成果的優劣，重點在於減少經營過程中的「三種浪費」。（編註：「三種浪費」的概念由豐田汽車所創，日文「Muda」是指因成果欠佳導致浪費，「Mura」是指因缺乏一致性導致浪費，「Muri」則是指因不合理、不恰當導致浪費，取三者的語尾合稱「Darari」。）

星巴克創辦人霍華．舒茲也以「精實生產」（Lean Manufaturing，編註：又稱「精益生產」，是指一種系統性生產方法，目標在於減少生產過程中的浪費，為消費者創造經濟價值）一詞，來說明排除浪費的重要性。

在星巴克，「精實生產」是非常重要的思維。（引自《勇往直前：我如何拯救星巴克》）

為了減少浪費，企業應將經營資源適切地分配給需要的部門和店鋪，並且對員工下達最少的指示，讓他們能夠自主發揮，提供高品質的商品或服務給顧客，讓顧客對企業產生正面評價。透過排除浪費，使得經營更有效率，是塑造獲利體質必備的工夫。

豐田汽車實行「看板管理系統」（編註：為了達到及時生產的目的，在看板上張貼每一項工作流程的任務與關鍵資訊，藉此控管生產現場的排程），可說是精實生產的典型範例。也就是說，精實生產這種思維，無論運用在星巴克等服務業，或豐田汽車等製造業上，都能發揮顯著的效果。

但有些經營者會濫用這個概念，為了能便宜販售商品，一味地削減成本。然而，**削減不該削減的成本，將導致員工士氣低落，甚至造成顧客的困擾，不但無法獲得預期效果，反倒造成更大的損害。**

想排除浪費，必須採取正確的做法。本課將以經營資源中佔最大比例的「人力資源」為主題，探討如何降低人事費，並從穩定經營狀況不可缺少的投資出發，思考精實生產與排除浪費的數字運用法。

第1招：員工價值該怎麼衡量？稻盛和夫以單位時間產能去計算

想靈活運用人力資源，必須從會計角度切入，掌握薪資與獎金等人事費的實際狀況。擁有獲利體質的企業都非常重視這一點。

擅長培育強大企業的稻盛和夫曾說：「**比起成本支出，人力才是創造附加價值的根源。**」他主張，人事費不應視為一般成本，從時間軸來檢視員工的工作速度，確實掌握他們的總工時，並以單位時間計算，才是合理的做法。「單位時間附加價值」正是顯示這種思維的指標。

附加價值＝營業額－人事費扣除後的成本

單位時間附加價值＝附加價值÷總工時

簡單來說，就是以效率性指標「時間」，來取代人事費的「金額」。比方說，營業額是十萬日圓，扣除人事費後的成本是六萬日圓，附加價值則為四萬日圓。將四萬日圓除以總工時兩小時，即可算出單位時間附加價值為兩萬日圓。

不過，像稻盛和夫這樣看待人事費的經營者非常少見。因為在損益表裡，人事費被列為管銷費用，和房租及瓦斯費等一起計入支出，通常被視作成本計算。而且，在財務報表中，人事費往往因為金額較高而受到關注，所以企業很容易以降低成本的名義裁員。

人事費經常和其他成本混為一談，讓人誤以為，不需要仔細考慮就可以削減。然而，這個錯誤認知將導致原本孱弱的企業體質變得更加不堪一擊。因此，即使必須裁員，也應依循正確的方式進行。但令人意外的是，許多企業似乎都不注重這一點。

日產汽車社長兼CEO卡洛斯．戈恩（Carlos Ghosn）熟知裁員方法，擁有「成本殺手」的稱號，他曾表示：

> 透過關閉生產線的方式，將可降低部分成本並解決問題。但這就像是用止痛藥抑制應以手術切除的腫瘤，即使病患覺得病況好轉，疾病也沒有真正根治。（引自《日產文藝復興》，卡洛斯．戈恩著）

過去，我曾從某家外資顧問公司學習到「完全摘除病灶」的方針，這項方針正好和戈恩的論點一致，是裁員時一定要遵守的原則。

一般認為，企業在裁員時，必須站在被裁員者的立場思考。這一點固然重要，但想強化孱弱的經營體質，就應一併思考**如何讓留下來的員工保有工作士氣**。

裁員的基本原則在於衡量邊際收益

絕大多數的裁員過程都會犯以下錯誤：

- 所有員工一律減薪。

● 僅針對部分生產線員工進行裁員。

這樣的做法將導致員工人心惶惶：「下次又會被砍多少薪水」、「也許下次就輪到我被裁員了。」對企業而言，如果讓其他員工因為擔心被減薪或裁員，而變得士氣低落，只會使原本積弱不振的企業體質更為衰弱。我已看過許多公司陷入這樣的惡性循環。

因此，決定裁員的企業應將裁員的風險一併納入考量。**關鍵在於，不可以抱持點到為止的心態，必須大刀闊斧地執行**。另外，裁員後必須持續追蹤後續的變化。一手拿著棒子，另一手就要拿著胡蘿蔔，恩威並施。

日產汽車在以工廠為單位進行裁員的同時，也設法提升其他員工的工作幹勁，在新產品開發上投注更多心力。如同卡洛斯．戈恩的提醒，想強化經營管理，就應細膩地處理裁員問題。

第3課介紹的邊際收益（＝營業額－變動成本），可以當作判斷裁員與否的指標。所謂的邊際收益，是指當營業額每增減一單位時，會隨之變動的毛利。當邊際收益為零時，代表沒有任何毛利產生，也就是完全無法獲利。當邊際收益為赤字時，則表示事業處於失血狀態，必須立刻止血才行。只要掌握邊際收益，便能明確鎖定裁員對象。然而，邊際收益在一般財報中無法找到，必須特別計算。

話雖如此，企業應盡量避免裁員，所以強大的企業會將數字視為重要的溝通工具。

缺乏熱情就無法獲勝

首創終身雇用制的松下幸之助曾說：

> 松下電器創造的是人。雖然我們也製造電器產品，但在那之前，我們先創造能製造產品的人。（引自《實踐經營哲學》，松下幸之助著）

松下幸之助對「員工定位」的思維，後來成為終身雇用制這項日式經營的特色，並且被許多企業採用。但如今，時代已經改變。

「現代經營最重要的是股東。」隨著歐美的經營風格逐漸滲透日本，日本在「失落的二十年」（編註：二十世紀九〇年代至二十一世紀，日本經濟持續陷入低迷，因此被稱作「失落的二十年」）被窮追猛打，企業經營模式也轉變為結果至上的成果主義。但是，只顧著追求眼前的利益，真的是適當的做法嗎？

無論是裁員，或從終身雇用制轉變為成果主義，都導致員工喪失原有的安全感，造成經營層面的問題。

讓我深刻體認到這個嚴重狀況的，是二〇一五年以大幅差距贏得箱根驛傳冠軍的青山學院大學。（譯註：箱根驛傳的正式名稱是「東京箱根往返大學驛傳競走」，是一項長跑接力賽，一九二〇年由日本馬拉松之父金栗四三等人創辦。）

從青山大學首次獲得優勝的過程，可以看出今日各家企業缺乏的成功要素。其中最重要的一點，便是該大學指導教練原晉提出的「熱情大作戰」。簡單來說，就是灌輸選手「缺少熱情就無法獲勝」的觀念。

原晉接任教練後，以數字明確訂出「五年內參賽，七年內成為種子隊，十年內拿到冠軍」的目標（編註：在箱根驛傳的比賽中，該年度的前十名為種子隊，可以直接獲得隔年的參賽資格），而他們也確實在第十一年漂亮地拿到冠軍。

為了獲得冠軍，原晉召集必要人才，培養這些選手的自主性，讓他們懂得自己發現需要克服的課題。而且，大學為了使選手能夠進行充分訓練，還為他們整頓練習環境，設定出每週、每月、每年的目標，並確實提供支援，讓選手在保有熱情的狀態下，毫無後顧之憂地接受訓練。結果，他們以大幅差距贏得首次優勝。

「要不要去跑五區的登山步道？可以成為國民英雄喔！」（編註：箱根驛傳的比賽路線是由讀賣新聞東京總社出發，直到箱根蘆之湖折返。去程分為五個區間，回程同樣有五個區間，十個區間總計二一七．九公里。）神野大地受到「國民英雄」頭銜的激勵，創下新紀錄，並獲得「新山神」的封號。

無論是驛傳接力賽還是經營管理，**激發選手或員工的幹勁**，都是非常重要的。

無法以資本主義衡量的價值

同樣在激發員工幹勁方面下足工夫的，是日本網頁設計公司面白法人ＫＡＹＡＣ。該公司加入在日本古都鎌倉（神奈川縣）成立的ＩＴ企業聯盟「Kamacon Valley」，以新創企業起步，並在二〇一四年聖誕節成功上市。雖然事業範圍侷限，他們還是想向全世界傳遞各種有趣的事，使社會變得更加光明。

骰子獎金＝底薪×骰子點數（%）

面白法人KAYAC在官網上公開以上的算式，它乍看十分簡單易懂，但這種人事評價機制背後，其實蘊含深奧的意義。

底薪三十萬日圓的員工若擲出點數一，他的骰子獎金就是「三十萬日圓×一%＝三千日圓」。

以骰子決定薪資太荒謬？不，由一個人來評斷另一個人，才是不合理的做法。說得更明確一點，主管的情緒往往會隨著各種狀況變化。既然如此，在薪資制度中增添一些趣味，又有何不可？（引自面白法人KAYAC官網，http://www.kayac.com/vision/style/dice）

不減少底薪，而是加上骰子獎金這種變動薪資的做法，不但充滿創意，也能激發員工的幹勁，我認為是很有趣的制度。

正如同俗諺「輸贏靠運氣」，面白法人KAYAC將獎金交給骰子這種不確定的事物來決定，是因為他們認為**「人擁有無法以資本主義衡量的價值」**。「將既有價值觀無法衡量的事物交由骰子決定」這樣新奇的創意，彷彿在向受資本主義荼毒的我們挑戰。

稍微瞭解數字後，企業往往會將利益得失視為優先考量，但這並非長久之計，反倒是留有餘裕的企業更能創造好成果。正因為人是情感的動物，更要讓員工對工作充滿熱情。

為了使員工在工作上游刃有餘，企業必須瞭解「情感勝於計算」。青山學院大學和KAYAC，都確實將這樣的想法付諸實踐。

案例：Smiles公司經營湯品專賣店，如何用5要訣轉虧為盈？

經營企業必須付出成本。所謂的成本包含**初期投資成本**和**營運成本**，而這兩項並非各自獨立，營運成本經常受到初期投資成本的影響。投資金額越龐大，用於營運管理的成本也會跟著增加。這樣說明應該可以讓多數人大致理解兩者的關係。但是，只有大致理解是不夠的，如果沒有弄清楚這兩種成本的關聯，企業將無法脫離孱弱的經營體質。

舉例來說，日本有一個距離都會區約一小時車程的城市，目前因為可能成為「第二個夕張」而備受關注。（譯註：夕張市位於日本北海道，近年以生產哈密瓜聞名。該市因為昔日的煤礦產業萎縮，產業移出後留下的周邊設施造成市政府的嚴重負擔，自一九八〇年代起出現財政問題，二〇〇七年被日本政府列為財政重建團體，意指財政已實質破產。）

「會不會在東京奧運前就淪為財政重建團體呢？」這類報導接連不斷，讓人不禁憂心起來。事實上，一旦該市被列為財政重建團體，受到的衝擊將遠大於夕張市，因為該市不僅區域規模較大，而且更接近消費集中地，若被列為財政重建團體，即代表該市的運作結構已經徹底腐敗。

在日本，所謂的財政重建團體，是指實質負債率（＝實質虧損金額÷標準財政規模）超過二〇%的行政區。若以家庭支出來比喻，分子的實質虧損金額等於每月超支的生活費，分母的標準財政規模則是指薪資收入。也就是說，當月薪是十萬日圓，生活費是十二萬日圓時，每個月會負債兩萬日圓，若不設法解決，破產只是早晚的事。所以，這樣的城市被列為財政重建團體。

一座都市會背負這樣的污名，是因為支出高於收入的緣故。持續攀升的社會福利金、不符合實際需求的公共建設、支出和稅收失衡等，都是造成入不敷出的原因。

各位可以將這個案例代換成自己身處的公司或組織，實質虧損金額等於營業損失，標準財政規模則為營業額。將上述數字套入，就能算出利益率是負二〇%，意即本業正處於無法獲利的狀態。此時，企業必須思考如何才能轉虧為盈。

思考如何轉虧為盈，是最重要的關鍵。然而，許多企業在面對虧損時，往往以

「我們將更努力」這種籠統的答案含糊帶過，結果使問題更惡化，陷入無法跳脫的惡性循環。由此可見，企業必須**採取和過去截然不同的做法，學習強化經營管理的思維**，才能突破眼前的困境。

「將營收提升至極限，將成本壓至最低，利潤自然就會產生。」只要瞭解這項大原則，無論是重建地方財政還是經營管理機制，必定都能步上軌道。

經營湯品專賣店Soup Stock Tokyo的Smiles，也曾經歷業績低迷的時期，甚至在短短三個月內，就將創業後累積的資產消耗殆盡。當時，該企業能熬過「地獄的七十天」，正是因為堅持以下五點：

一、因為經營失敗導致的虧損，必須在核帳時設法沖抵。
二、越是不想面對的狀況，越應盡早採取因應對策。
三、所謂的人才，必須是有意願且有能力的人，否則只會拖累團隊，自己也無從發揮。
四、能夠互相要求，勇於開口批評，才算是工作伙伴。

五、無論面對何種困境，都必須確保每位員工的獨創性，讓團隊合作得以持續。（引自《用湯品打天下：商人打造的 Soup Stock Tokyo》）

這五點正是 Smiles 社長遠山正道重建事業過程中的寶貴經驗，簡單來說，就是：想迅速彌補過去的失敗，必須具備堅強的團隊。

具備獲利體質的企業能夠迅速做出決斷，並且以組織（團隊）進行攻守。

第2招：別為了省成本而忘記細節與精緻度，否則……

湯品專賣店Soup Stock Tokyo，內部裝潢皆以白色和黑色為基調，充滿時尚的氛圍。事實上，從這裡便可看出初期投資成本和營運成本的關聯。

遠山正道曾向他原本任職的三菱商事高層提出一份企劃書，名為「一九九八年：有湯品陪伴的某一天」。（編註：Soup Stock Tokyo是日本三菱商事創立的餐飲品牌。）企劃書指出，成功的經營機制具備「低成本、高質感的店鋪」這樣的要件，而其關鍵在於：

> 成本和質感並非正比關係。（引自《用湯品打天下：商人打造的Soup Stock Tokyo》）

這句話正好能說明初期投資成本和營運成本的關聯。

在設立湯品專賣店時，必須先支付包含押金和禮金在內的物件租金（譯註：在日本租屋時，必須支付租金、押金及答謝房東的禮金等三種款項）、廚房設備與調理器具的設備費，以及餐桌與店內擺飾的裝潢費，這些都可視為初期投資成本，也就是一開始投資時產生的暫時性成本。

但是，遠山正道認為，不應將資金用在這種地方。想減少負擔和浪費，就必須降低投資成本。他指出，**「小」必定能和精緻度與細膩度劃上等號**，小巧的店鋪反而更能提升質感。

強大企業重視的是經營機制，而不是營業額高低或員工多寡。會由此更進一步思考，並且日益成長的企業，首推ORENO股份有限公司。

雖然一般人都認為「餐飲業就像膿包一樣，長得越大就越容易破裂瓦解」，但事實絕非如此。針對這個問題，應該探討該企業的經營管理能力，是否足以承

擔這樣的規模。（引自《我的義大利菜，我的早午餐：如何創造穩居領先地位的競爭優勢》）

ORENO公司社長坂本孝的上述論點，乍看似乎和遠山正道相互矛盾，但其實並非如此。坂本孝也認為店鋪以小巧精緻為佳，但是當組織逐漸壯大時，就必須具備更強的經營管理能力。對此，他提出精闢的見解：要將企業提升至上市公司的規模，關鍵在於以小型組織為基礎，逐漸拓展加盟事業。

說到加盟事業，往往很難擺脫賺錢至上的刻板印象，但坂本孝的思考模式卻完全顛覆這樣的負面印象。他取消常見的中央廚房，也不提供調理完成的食材，而是在銀座設立大型店鋪兼研習所。研習所內分享米其林三星級主廚的技術，讓加盟主參與體驗，並將學得的技巧帶回自己的店裡，是一種利他主義的做法。

所謂的「利他」是佛教用語，意指給予他人利益，希望他人獲得福利。其衍生詞「自利利他」，等同於現代詞彙中的「創造雙贏」。

坂本孝會讓每一位加盟店長瞭解自己的想法，並將經營管理能力傳授給他們，加盟主則需支付名為「人才培育費用」的專利費（授權費），這種創造雙贏的機制就是ORENO公司經營模式的真實寫照。

坂本孝思索出的這種商業機制，和稻盛和夫建構的「阿米巴經營」具有相同的概念。（編註：阿米巴經營是指將組織劃分成許多小團體，就像重複進行細胞分裂的阿米巴原蟲一樣。企業以各個「阿米巴」為核心，自行制定計畫，獨立核算收支盈虧，持續自主成長，並且讓每位員工參與經營。）

而遠山正道提出「高質感不可缺少的小型組織」，也是同樣的做法。

透過小型組織來匯整第一線人員的意見。

確實掌握現場狀況，並以數字進行客觀分析，是穩居領先地位的企業必備的能力，因為充分掌握現況，才能不斷產生各種新創意，順應時代的潮流。

第3招：店面裝潢要簡約，務必把錢花在追求商品本質

遠山正道曾將不必要的裝潢比喻成「社會之惡」，這樣的想法也反映在他經營的店鋪上。

Soup Stock Tokyo 的店內裝潢皆以簡單的白色和黑色作為基調，公司標誌也以電腦文書處理軟體中內建的字型 Times New Roman 呈現。這些都是為了降低初期投資成本所採取的措施。

僅使用一般人常用的基礎工具，徹底排除任何特殊效果。這樣的概念很重要，因為排除不必要的浪費，設計出減少初期投資的店鋪，能連帶降低日後店鋪翻修時必須投入的成本。

而且若店鋪面積較小，較容易把握整體狀況，排除浪費，讓經營更有效率。此外，若組織結構較小，只需調集必要的人員，可以減少人事費等固定成本。

正因為小型組織較容易掌控，可以在短時間內掌握適當的庫存量，減少不必要的進貨成本，於是滯銷庫存會跟著減少，降低庫存損失。

透過這樣的方式，減少設置店鋪需要的初期投資成本，將連帶使投資後持續產生的營運成本降低，這正是強化經營管理必須花費的工夫（見圖表33）。

這種「藉由去除不必要的部分，來改變商品形式」的構想，也能為遭遇瓶頸、無法突破的企業帶來一線曙光。遠山正道主張，商品只需使用一般材質，而要極力追求商品的本質。抱持這樣的觀念，將事業體系小型化，便能找出許多未曾察覺的著力點。

比方說，想進入發展中國家和國內銀髮族市場時，相較於最先進的高價商品或服務，**簡單但不失本質**、初期投資和營運成本低，且具備高品質的商品，才是必要的。這可以透過將商品形式小型化的方式達成。

此外，現今在網路上能免費欣賞影片與音樂。從以往的「販售CD」轉變成「販售臨場感的演唱會」，這種變化可解釋為歌曲生產者（歌手）與消費者（粉絲）之間的本質關係，產生形式上的改變。

顧客都希望自己的問題獲得解決，也期盼商品或服務能不斷推陳出新，甚至有意

圖表33 初期投資成本和營運成本

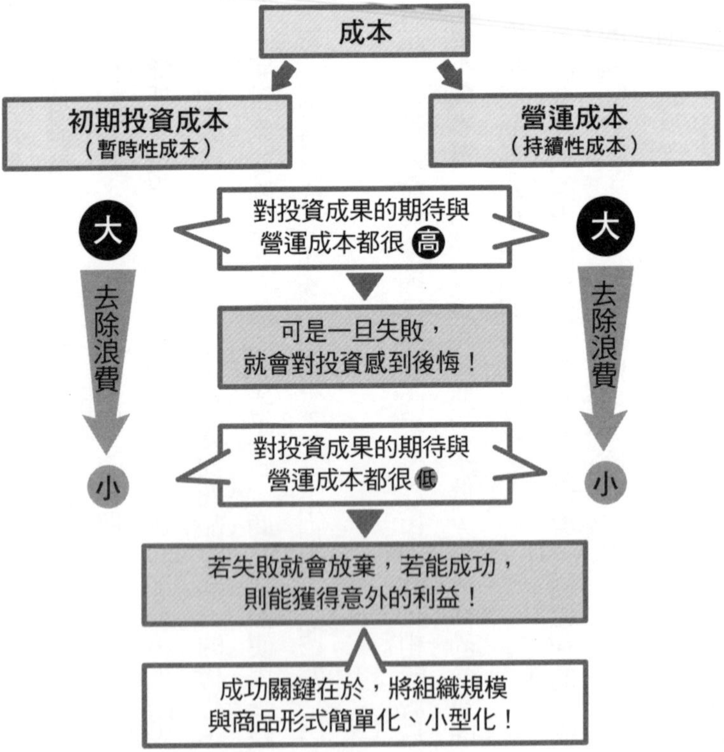

強化經營管理的祕訣

思考如何排除各種浪費。

想不到的功能。只要深入剖析消費者心理就會發現，獲得顧客青睞的商品或服務，往往都能貼近他們的需求。

第4招：投資新產品前必須推算未來價值，但該怎麼做？

一聽到「投資」兩個字，許多人都會先想到伴隨而來的風險，於是感到畏懼。然而在經營企業時，一定會碰到「生命週期」的浪潮（編註：企業生命週期是指企業從誕生、成長、壯大，乃至衰亡的過程），所以完全不進行任何投資，才是最恐怖的事。

如果能順利乘著浪潮而起，企業的經營便能一帆風順，但若是因為毫無準備而錯失浪潮，就可能被大海吞沒。SONY創辦人盛田昭夫曾以未來價值的觀點，強調投資的必要性：

> 從事商業活動時，若對投資太過小心謹慎，或許短期內可以獲利，但其實只是在啃食過去累積的資產。提升利潤固然重要，但想擁有能創造未來價值的資產，就必須進行投資。（引自《MADE IN JAPAN，我所經歷的國際策略》，盛田昭夫、下村滿子、艾德恩・蘭葛著）

這裡所謂的未來價值，是指日後產生的價值。各位不妨以投資股票的概念來思考，假設有一檔股票目前價值一百日圓，投資人會想買進，一定是因為認定未來有上漲空間。

不過，在做出投資判斷的當下，無法準確預測日後的股價（≒未來價值），股票未必如預期上漲，也可能意外大漲。這正是投資有趣之處，但也代表投資的風險。

進行預測時，原本就必須考量包含經濟環境在內的各種不確定因素，即使當下做出正確判斷，若設定錯誤的投資條件，未來也可能產生超乎想像的後果。

「只能說當初自己想得太天真了」，許多公司經營高層都曾在鎂光燈前訴說投資過程中遭遇的挫折，這往往是因為無法準確預測未來的變化所致。即使如此，**不願意**

投資也不是聰明之舉。

盛田昭夫非常推崇賈伯斯，曾表示當初若不是賈伯斯勇於投資，蘋果也無法創下今日的榮景。由此可知，投資確實是企業成功不可缺少的要素。

許多企業在投資失敗時，都會以無法準確預測未來變化，以及很難評估未來價值當作藉口。他們會在投資前計算出**最佳預估值（best estimate）**，以此作為免死金牌：「雖然我們經過投資判斷，在最佳時機點進場，但當時未列入考慮的不確定因素，卻在日後漸趨明顯，最終導致投資失利，希望各位能夠見諒。」

想建構獲利機制，必須創造和其他公司的差異，因此企業需背負投資風險，並承擔一定程度的損失。企業應運用會計知識，整理出足以說服利害關係人的數據，瞭解如何評估未來價值，並做好面對失敗的準備。

投資的本質在於回收投入的資本。就像人從嘴巴進食，再經由排泄系統排出一樣，企業以營利為目的，當然必須回收投入的資本。創造盈餘，正是強化經營管理的大前提。

「將營收提升至極限，將成本壓至最低，利潤自然就會產生。」為了實踐這個準則，企業必須深入思考投資的重要性。但如同前文所述，投資各種設備時會持續產生營運成本，務必小心謹慎。

「折現評價」是指將未來價值折算為目前的價值

將所有可能造成影響的因素納入考量，評估投資能夠創造的未來價值後，便可判斷投入的資本能否回收，也就是模擬出最佳預估值。

在推算未來價值時，最重要的是**「折現」**的概念。舉例來說，若將一百日圓存在銀行裡，年利率是一％，一年後可獲得「本金一百日圓＋本金一百日圓×利率一％」的金額，也就是「一百日圓×（一＋〇・〇一）＝一〇一日圓」。運用這個算式將未來價值折算為目前價值，就稱為**「折現評價」**。

將一年後的一百日圓折算為目前的價值後，利息部分將被扣除，因此可以算出「一年後的一百日圓÷（一＋〇・〇一）≒目前價值九十九日圓」。也就是說，目前價值和未來價值的差距，是由相當於利率的折現率產生，折現評價便是依據這一點進行估算。這樣的估算在現金經營上是不可缺少的。

在實務上，計算折現率時，除了利率之外，還必須將物價變動率與風險溢價

（Risk Premium，編註：個人在面對不同程度的風險，且清楚高風險高報酬、低風險低報酬的情況下，會因為對風險的承受度不同，決定要冒險獲得較高報酬，或是只接受已確定的收入，放棄可能得到的較高報酬。確定的收入與較高報酬之間的差距，即為風險溢價）等不確定因素的發生機率，一併列入計算。假設這些機率均為一％（合計三％），一年後的一百日圓折現評價則為「一百日圓÷（一＋○．○三）≒九十七日圓」（見圖表34）。

看似很容易計算的折現評價，其實隱藏著許多不明確的部分。雖然折現率是做經營判斷時必須計算的數字之一，但因為要將利率、物價變動率、風險溢價等三項不確定因素一併納入計算，很容易受到主觀判斷的影響。

先瞭解這一點，進而掌握近似折現概念的「會計評價」（編註：指藉由會計核算資料和評價指標，對經濟活動進行判斷、對比和分析，以考核其合法性和有效性），是在資本主義社會中生存的必要條件。

SONY創辦人盛田昭夫曾說：

圖表34 何謂折現評價？

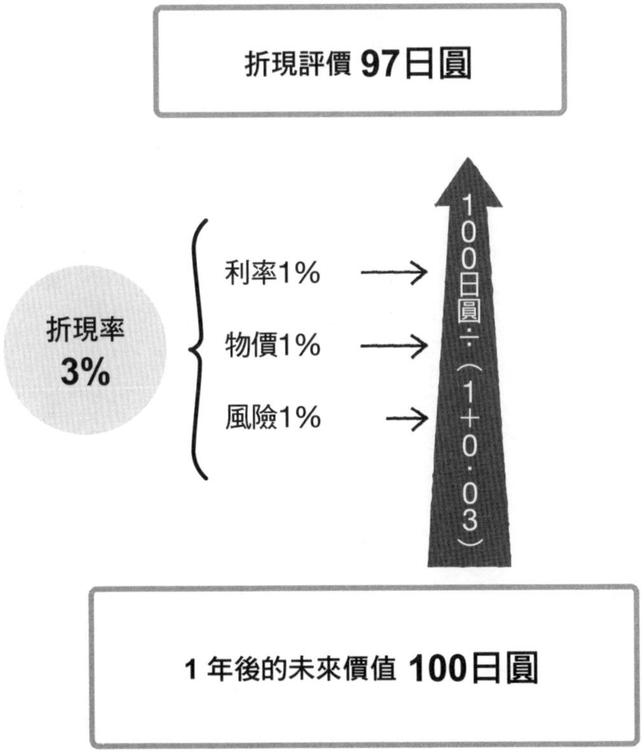

強化經營管理的祕訣

透過折現，將未來的資產折算成目前價值。

如果滿腦子想的都是利潤，就會錯失未來的好機會。總是不斷計算能回收多少利潤的美國經營者，常將「為什麼我得為了幾年後接替我工作的人，犧牲眼前的利益」掛在嘴邊，原本有機會在歐美掀起熱潮的商品，卻時常因為經營者認定開發費用過高而胎死腹中。如此短視近利的做法，終將使公司喪失競爭力。（引自《MADE IN JAPAN，我所經歷的國際策略》）

只要正視現實，就會發現短視近利的經營團隊背後，往往存在做假帳、盜用公款、行賄或收賄等資本主義的黑暗面。事實上，資本主義的存在形式如今已受到各方質疑。

第5招：賺錢公司不是只追求營業額，而是做好資金管理

想強化經營管理，必須注重整體平衡。銷售力和開發力固然重要，但企業體質積弱不振，通常都是因為缺少經營管理能力的緣故。舉例來說，一家奉行營收至上主義，以銷售量為優先考量的公司，資金周轉往往是最主要的經營課題。因為**越希望提升營收，就需要越多營運資金**。

一般而言，在創造營收的同時，必須支付購買原料或商品的進貨成本。另一方面，銷售收入當中也常包含應收帳款，換句話說，商品賣出後必須等待一段時間，才能回收投入的成本。

第4課介紹過的周轉金，便是透過數字來瞭解這樣的關係。當周轉金呈現負數，也就是需要投入營運資金時，若手邊沒有足夠的現金，即使損益表上出現盈餘，也會因為資金短缺而走向倒閉。由此可見，只追求營收是不行的。

除此之外，還有其他不應一味追求營收的理由。

如果拉下臉來向客戶求情：「由於本期尚未達到業績目標，能否請您助我們一臂之力呢？」或許真能獲得這樣的回應：「真是拿你們沒辦法！我們也往來一段時間了，這次就幫你們一下吧！」但是，這**反而會讓對方得寸進尺**。

「就跟你們採購這些吧。不過，條件是明天交貨，付款日要延到一百八十天後」、「我們也很為難呀！請你們給點折扣應該不過分吧」、「我們跟你們買了這麼多，本公司舉辦特賣時，也請務必採購到這個金額喔！」諸如此類的狀況將接踵而來，導致企業喪失應有的利潤。

因此，企業不能只注重營收，而應依循第3課提過的內容，檢視成本和營收的連動關係，並進行固變分解，同時導入損益平衡點的觀念，設法獲得合理的利潤。

另外，勉強客戶購買，容易造成不良債權（編註：指公司資金、商品、技術等借予其他公司，卻面臨無法回收或僅能少量回收的現象）產生，不可不慎。當業務人員只將銷售視為份內工作時，往往僅將營業額計入損益表，便宣告任務結束。這些業務人員的資金管理意識低落，容易將資產負債表中尚未回收的應收帳款，視為到期後自動入帳的款項，這可能使企業因為周轉不靈而陷入經營困境。

一旦因為無法回收帳款而產生不良債權，做假帳或盜用公款等不法會計發生的機率就會提高，所以必須讓業務人員具備這樣的認知：**「到回收帳款為止都是業務的工作」**。好不容易透過銷售獲得營收，若變成不良債權，將導致資金周轉困難而影響經營。商業人士必須瞭解，一味追求營收，其實只是百害而無一利。

話說回來，如果缺少具吸引力的產品或服務，也無法創造出相應的營業額。因此，企業必須保有暢銷商品，才能確保營收。

生產現場往往會陷入「只要生產就能賣出去」的迷思，於是將產生許多不必要的浪費，使經營狀況惡化。

「現場缺少優秀的技術人員，必須增加人手」、「在缺貨狀態下無法順利經營，應盡量增加庫存」、「若不投資新設備，就會被競爭對手拉開差距。」如果將生產現場的要求照單全收，會導致資金陷入捉襟見肘的窘境。所以，**無論是人員、物品或資金，在運用時都要謹記資源有限的道理**。

第6招：兼顧利潤與顧客滿意度，不能只靠ERP系統而要……

在資源有限的情況下，若想以現金經營為目標，必須先掌握人員、物品與資金等經營資源的現況，並思考最佳分配組合，進一步建構出排除浪費的經營機制。

如果始終抱持「只要生產就能賣出去」的幻想，或是對生產現場的要求照單全收，必定會造成冗員充斥或無謂的加班等狀況發生，並對單位時間附加價值造成負面影響，使整體生產力下降。此外，不瞭解第5課提過的觀念，因為太擔心缺貨而隨時留有大量庫存，則可能因為庫存過剩，導致不良資產持續增加。

話說回來，雖然投資是企業經營不可缺少的策略，但若只是基於「不想輸給競爭對手」，或「因為A公司投資這些標的，我們也應該跟進」這類理由，將造成不必要的投資或支出。

以上這些**對生產現場的主觀認知，是造成經營管理每況愈下的主因，**應特別留意。企業必須瞭解，自己現有的經營資源能夠做些什麼，以及如何善用這些資源，提供可解決顧客問題的商品或服務。

無論是一味追求營收，還是認為「只要生產就能賣出去」，都已是過去經濟高度成長時期的思維，無法真正提升經營效率。日本經營之神松下幸之助曾說：

> 工廠的內部設施、製造完成的產品、商品銷售方式，乃至人員的培育與運用方式、財務結構等項目都很重要，將這些項目整合起來的經營管理，能充分體現經營理念。這樣的經營才能稱為藝術。（引自《實踐經營哲學》）

松下幸之助認為「經營是一門綜合藝術」，當中既有出色的傑作，也不乏平庸的作品。若想創造出經營傑作，有一項關鍵是**「審視整體平衡」**。

在會計上，不僅要檢視顯示收益狀況的損益表，資產負債表也必須一併檢視。一旦可用現金枯竭，即使財務狀況呈現黑字，企業也難逃倒閉命運，因此檢視現金流量、現金收支狀況（必需資金與資金周轉），以及現金轉換循環（參閱第4課）非常重要。

許多企業都希望透過較少的數字來掌握整體狀況，以致過於著重營業額、成本或利潤的變動。然而，這些數字呈現的只是結果，能否掌握形成這些數字的過程才是真正的重點。結果和計畫固然重要，**「用數字檢視過程」**更是決定經營成敗的關鍵。

比方說，很多企業為了進一步理解現金經營的重要性，採用能迅速計算出各種數據的ERP（Enterprise Resource Planning，編註：企業資源規劃系統，是一九九〇年由美國管理顧問公司 Gartner 提出的企業管理概念，迅速被全世界的企業接受，現今已發展成實施企業流程再造的重要工具），從經營層面來推動企業電子化。

當然，藉由提升財務決算速度，迅速掌握各項數字，確實是正確的經營方向，但是透過ERP得到的數字，往往只是最基本的數據。設法取得更有用的數字，是強化經營管理必備的工夫。

星野集團董事長星野佳路曾表示，出色的經營管理**「能同時兼顧獲利和顧客滿意度」**。

> 雖然每個月的財務報表都會顯示利益率，但當中不會顯示顧客滿意度，以及各種改善的技巧。我認為，思考如何將這些隱藏內容數據化是非常重要。（引自《哈佛商業評論》二〇一五年二月號）

由此可知，想保有獲利體質，關鍵在於思考整體平衡，用數字審視流程。

重點整理

☑ 人事費不應視為一般成本，以單位時間附加價值與邊際收益作為衡量標準，才是合理的做法。

☑ 具備獲利體質的企業能夠迅速決斷，彌補過去犯下的錯誤。

☑ 簡化包裝或裝潢，便能降低初期投資成本和營運成本，減少不必要的浪費。

☑ 在計算折現評價時，必須將利率、物價變動率、風險溢價等三項不確定因素一併納入。

☑ 出色的經營管理，能同時兼顧獲利和顧客滿意度。

編輯部整理

NOTE

「如何進行商品化？如何有效運用有限的資源？企業又該如何確立競爭優勢？」

——經營全世界旅行者都會造訪的旅館
星野集團董事長 星野佳路

引自《實現競爭優勢的 Five Way Positioning 策略》

第 7 課

學頂尖企業的數字策略，用細節檢視計畫流程

數字只顯示結果，怎麼做出判斷更重要！

經營管理和數字之間，有著緊密不可分的關係。經營上的各種狀況與變化，例如：增加多少營業額，或是降低多少成本，而這些動作又轉化成多少利潤等，都可以透過數字呈現。

但是，太注重這類財務指標，將無法改善孱弱的經營體質。**強大的企業懂得關注其他非財務指標**，因此能穩居領先地位。這裡所謂的非財務指標，也可視作掌握顧客心理的策略。

事實上，企業經營最重要的是獲得顧客的支持。換句話說，能否贏得顧客的心，讓他們願意支持自家企業，將對財務指標當中的營業額或利潤等數字，造成決定性影響。

然而，實際觀察便會發現，許多企業都犯了相同的錯誤：太關注營業額等財務指標，導致過於執著目標營業額與預期利潤等數字和預算。這樣只會使企業體質積弱不振，難以脫胎換骨。

數字只能視為結果，計畫則應當作基準，真正重要的是如何做出判斷。唯有理解這一點，並靈活運用數字，才能建構強大的獲利機制。

星野集團董事長星野佳路曾指出，全體員工必須一同參與經營管理。

> 重點在於，經營者能否判斷應繼續按照計畫行事，或是就此中止計畫。擁有這種能力，就能隨時檢視原訂計畫是否適當。企業必須不被計畫束縛，對於每一項計畫，全體員工也應具備做出經營判斷的能力。（引自《哈佛商業評論》二〇一五年二月號）

財務指標固然重要，但只是結果論。預算和計畫也很重要，但只能將它們當作基準。企業應該設想必須實現的目標，並朝這個目標持續邁進。

也就是說，**企業不應只關注營業額和利潤等顯示結果的數字，更應檢視在產生結**

果的過程中，這些數字有何變化。

企業必須建構重視顧客關係的經營機制，這正是本課要說明的重點。

運用平衡計分卡，具體呈現業績目標與行動計畫

經營之神松下幸之助曾斷言：

> 若想營造人和、凝聚共識，關鍵在於上意能否下達，以及下意能否上達。當社長的想法無法傳達給員工時，企業必定無法順利經營。相對地，當員工的意見無法傳達給高層時，企業更難持續經營。（引自《經營之神的初心1：松下幸之助的互利哲學》，松下幸之助著）

正如同「以和為貴」這句古諺，「和」是時常被優先要求的事項。松下幸之助也認為，一旦缺少「和」，企業必定無法順利經營。這樣的概念到了今天，可以用**平衡**

計分卡（The Balanced Scorecard，縮寫為BSC）來表示。

所謂的平衡計分卡，是指**透過財務、顧客、業務流程、學習成長這四項觀點，來描繪企業願景，是最適合建構整體策略的經營管理工具**（見圖表35）。

「只要賣出去就對了」這種常見的營收至上主義，則是完全相反的做法。努力追求營收確實有其必要，但光是提出這樣模糊不清的指示或目標，無法讓業績止跌回升，因為實際上，鮮少有員工能自動發現問題並加以克服。

想確實增加業績，應做出如下指示：「由於顧客A是□□，新商品〇〇絕對能吸引他，我們就用業務計畫1來推銷吧！」唯有具體指出方向，才能提高成功的機率。如同整根圓木不易燃燒，只要用斧頭劈成小塊，便容易燃燒，提出指示或目標時也是同樣的道理。

光是接收到提升營收的要求，大多數人都不知道該如何進行。因此，經營者必須提出具體目標，並思考如何讓組織成員上下一心，點燃每個人的工作熱情。

如同蟲會往明亮的地方聚集，人也需要明確的目標。只要明確訂出時間、地點、執行者、對象、執行內容、執行方法、成本等項目，就明白該採取什麼行動。換句話說，只要擬定明確的課題，便能讓執行者發揮意想不到的潛能。

圖表35 何謂平衡計分卡？

將關鍵績效指標與行動計畫的內容具體化、數字化！

BSC的4項觀點	關鍵成果指標（KGI）	關鍵成功因素（CSF）	關鍵績效指標（KPI）	行動計畫
① 財務觀點	・努力提升利潤。	・以提供當地最好的服務為目標。 ・掌握自己部門的經營狀況。	・經常利益比前期增加5%。 ・公布每月各部門的損益狀況（扣除成本後）。	・加班△10%。 ・確立成本計算的精準度，嚴守交貨日期。
② 顧客觀點	・努力提升顧客滿意度。	・消除顧客等待時的煩躁感。	・將櫃臺服務的等待時間控制在10分鐘內。 ・將結帳服務的等待時間控制在10分鐘內。	・提升櫃臺窗口的服務效率，如病歷電子化。 ・重新審視業務流程。
③ 業務流程觀點	・增加門房人員。 ・增設顧客諮詢與客訴應對單位。	・將既有員工分配至門房服務單位。 ・設置顧客滿意委員會。 ・設置顧客意見調查箱。	・8月底前，從管理部門調派2名員工。 ・從8月起，每月底召開顧客滿意委員會會議。 ・7月底前，於櫃臺設置意見調查箱。 ・8月進行顧客意見問卷調查（以後定期實施）。	・培養多能工（見註①），採行輪班制。 ・設置委員會事務局，任命負責人。 ・決定營運方式，任命負責人。 ・統計問卷結果，給予回饋。
④ 學習成長觀點	・提高顧客的回流率。	・加強對顧客的接待禮儀。	・所有員工每年均需參加一次禮儀研習。	・策畫研習內容並加以實行。

註①：指擁有多種技能或專長，能承攬多種工作的員工。

為了使團隊發揮最大潛能，領導者應熱切陳述企業願景，執行者則應瞭解要達成這樣的願景，必須面對哪些課題。領導者應採納執行者的意見，依此設定行動目標。簡單來說，強化經營管理的祕訣，在於擁有共同的目標。

> 為此，不應任何事都以命令的方式來指揮，因為接收命令者往往只會聽命行事，不會做其他額外的事。領導者應放手讓部屬去做，這樣一來，他們會自行思考，充分發揮自己的能力，並獲得成長。（引自《實踐經營哲學》）

前面提過，松下幸之助主張建立「上意下達，下意上達」的機制，這等同於現代社會時常運用的經營工具：平衡計分卡。想達成經營者描繪的企業願景，必須從人和著手，依此擬定策略目標與評價標準。舉例來說，以財務觀點來看，希望營收能比前年提升五%，就必須重視顧客觀點，努力提升顧客滿意度，才能達成目標。

想獲得顧客認同，除了強調商品價格便宜之外，還必須追求品質，維持兩者之間的平衡，這是塑造獲利體質的關鍵。徹底實踐這一點，並引領企業持續成長的典範，正是大家熟知的ＩＫＥＡ。

透過顧客參與，成功創造差異化的ＩＫＥＡ模式

ＩＫＥＡ提出「帶給更多人更舒適的每一天」這樣的企業願景，並進一步創造出競爭優勢。這當中有幾項特點，不外乎是ＩＫＥＡ前任ＣＥＯ安德斯·戴爾維格指出的「從設計、性能和價格來看，品質相對較好」，也就是所謂的「成本效益比」較高。（編註：成本效益比，又稱性價比，是指性能和價格的比例，俗稱ＣＰ值。）

商品種類豐富、價格親民，也就是取得品質和價格的平衡，是ＩＫＥＡ得以實現差異化的主因。一般而言，品質越好的商品，進貨成本往往越高。深知這一點的ＩＫＥＡ，思考如何徹底降低進貨成本之外的所有支出。

- **減少預防商品售罄的安全庫存↓降低保管費等庫存成本。**
- **減少商品在店內移動的次數↓降低用於移動商品時的人事費等。**

這些降低成本的方法中，特別值得一提的是，他們如何處理在成本裡佔有一定比例的物流費。

一般計算物流費時，都是以「長＋寬＋高」的合計數字作為基準，因此在運送佔空間的大型家具時，必須支出相當可觀的物流費。ＩＫＥＡ察覺到這一點，發展出「不組裝便進行銷售」的形式。

過去，大多數廠商都銷售組裝完成的家具，「讓顧客享受親手組裝的樂趣」這樣的做法非常少見。ＩＫＥＡ卻反其道而行，提供家具ＤＩＹ的方式，讓顧客參與配送和組裝的過程，藉此降低必須支出的成本。

但對老年人而言，組裝家具是很麻煩的事，而且不是每個人都擅長這類手工作業，所以ＩＫＥＡ也提供代為組裝的付費服務，逐漸累積忠實顧客。這便是業界知名的ＩＫＥＡ模式。

透過**顧客參與**的方式，不僅成功降低物流費，也使ＩＫＥＡ得以推出平價商品，藉此取得財務優勢。事實上，此種經營策略還有一項更大的優點，那就是在親手組裝家具的過程中，顧客能獲得**滿足感**。

在現代社會裡，如何帶給顧客感官刺激，已成為經營管理必備的工夫。比方說，日本豬排專賣店會在顧客等待豬排上桌時磨芝麻，用芝麻產生的香氣來刺激顧客的嗅覺。

究竟該怎麼做，才能以合理價格提供顧客需要的商品或服務，並帶給他們感官上的刺激？針對這些問題，ＩＫＥＡ藉由家具ＤＩＹ創造出ＩＫＥＡ模式，達成了降低物流費與提升顧客滿意度兩項目標。

實行這些策略的重點在於，提升員工的作業效率，避免造成顧客的困擾，也就是徹底改善業務流程，排除各種浪費。想實踐「將營收提升至極限，將成本壓至最低」的原則，這樣的過程也是不可缺少的。

強大的企業必定抱持學習成長觀點

想和ＩＫＥＡ一樣提出嶄新的構想，平時得多接觸周遭的人事物。無論是企業或公益團體，都必須透過教育才能建構出強健的經營機制。每一位組織成員都必須瞭解自己應扮演的角色，抱持這種學習成長觀點，企業才能站穩領先地位。

> 員工管理要做得好，關鍵在於堅定的領導能力、引導員工發揮潛能的機制，以及適才適用的員工架構。（引自《IKEA模式為何能進駐世界》）

事實上，抱持學習成長觀點的員工，正是IKEA創新的原動力。在努力提升營業額的財務觀點背後，必定存在以親民價格提供優質商品的顧客觀點，以及為了實踐這一點而持續進行各種改善的業務流程觀點。每位成員都擁有學習成長觀點，則是支撐這一切的根源。

「上意下達，下意上達」能營造出人和

前面提過，平衡計分卡這種策略工具，是透過財務、顧客、業務流程、學習成長這四項觀點，搭配財務指標和非財務指標，用數字呈現企業願景中的目標，再加以設定與評價。換句話說，只關注營業額等著重結果的財務指標是不夠的。想確實掌握顧客心理，就得將非財務指標一併納入考量。

企業必須將各項財務指標和非財務指標，與經營策略目標相互連結，並且讓全體員工能立即掌握目標執行進度。此時便要使用數字，因為**數字是能讓所有人一目瞭然，並提升工作動力的工具**。

從數字可以看出，正確的經營策略能夠強化企業體質。透過平衡計分卡裡的財務、顧客、業務流程、學習成長這四項觀點，擬定「將營收提升至極限，將成本壓至最低」的目標，以數字檢視目標達成度，並給予達成目標的執行者相應的報酬。在這樣的策略成形之後，不僅員工的幹勁會跟著提升，也可防止自作主張的情況發生。

然而，許多經營者因為不擅於運用數字，對這樣的方法望之卻步。這時不妨藉由製作圖表等方式將**數字圖像化**，以此進行目標管理或業績評價。能否理解數字的重要性，將是企業塑造獲利體質的關鍵。

只要善用平衡計分卡等強化經營管理的工具或制度，就能讓執行者充分理解經營高層的想法，並使全體員工抱持共同的目標，而執行者也可以向領導者提出自己的意見。透過數字進行雙向溝通，便能建構出強健的經營機制。

案例：軟銀孫正義用雙乘兵法的25個字，鞏固龍頭優勢

如同IKEA指出的，學習成長觀點與員工教育是很重要的。有位經營者為了傳授經營的祕訣，甚至創立一所學校。

道天地將法，頂情略七鬥，一流攻守群，智信仁勇嚴，風林火山海。

這二十五字宛如咒語，而將經營祕訣融入其中的，正是軟銀創辦人孫正義。他曾在自己擔任校長的軟銀學院開學典禮上，將**蘭徹斯特法則**（Lanchester's Law，編註：一九一四年由英國人弗雷德里克・威廉・蘭徹斯特首創，採用數學演繹戰術原則，將數學與軍事戰術結合在一起。蘭徹斯特率先提出空戰戰術相關的數學模型，是描述作戰雙方兵力變化過程的數學微分方程式）和**孫子兵法**這兩大經營策略理論，結合他思

索出的成功要素，以「跨越時空的合作」為題發表談話。

軟銀學院於二〇一〇年創立，是為了發掘並培育孫正義接班人而開設的經營學堂。第一期招收三百名學生，其中兩百七十名來自軟銀集團，剩下三十名則是公開招募。

孫正義的雙乘兵法

這二十五字稱作**「孫正義的雙乘兵法」**（其架構見圖表36），蘊含孫正義的經營祕訣。他最重視的經營管理要件，像是影響商業交涉的決定性因素，以及如何排定事物的優先順序等，都透過這二十五字來呈現。

在孫正義認定的五項成功要素中，最重要的兩項是展現經營者想法與未來計畫的經營理念與願景，其次則是將理念與願景付諸實踐的策略、思維與戰術。其中的**「一流攻守群」**，和經營數字有著密不可分的關係，在此加以說明：

「一」：領先群雄的策略。

都必須進行投資）。

「流」：洞察時代動向（必須具備鳥、蟲、魚的觀察力）。

「攻」：攻擊就是最好的防禦（對於銷售、技術開發、企業併購、新業務推展，都必須進行投資）。

「守」：守備力（重視現金經營）。

「群」：策略性結盟（強調企業各自獨立，但也能攜手合作）。

這裡所謂的「流、攻、守」，和本書內容一致，「群」則是採行集團經營的軟銀獨有的論點，在此不予贅述。至於最後的「一」，也就是**「領先群雄的策略」**，孫正義做出以下說明：

> 當企業不具備壓倒性的領先優勢時，其現行商業模式終究無法創造出更多獲利。（引自「軟銀學院開學典禮」Ustream影片）

這番話的用意在於，強調守住競爭優勢的重要性。也就是說，當企業不處於穩定

圖表36 孫正義雙乘兵法的架構

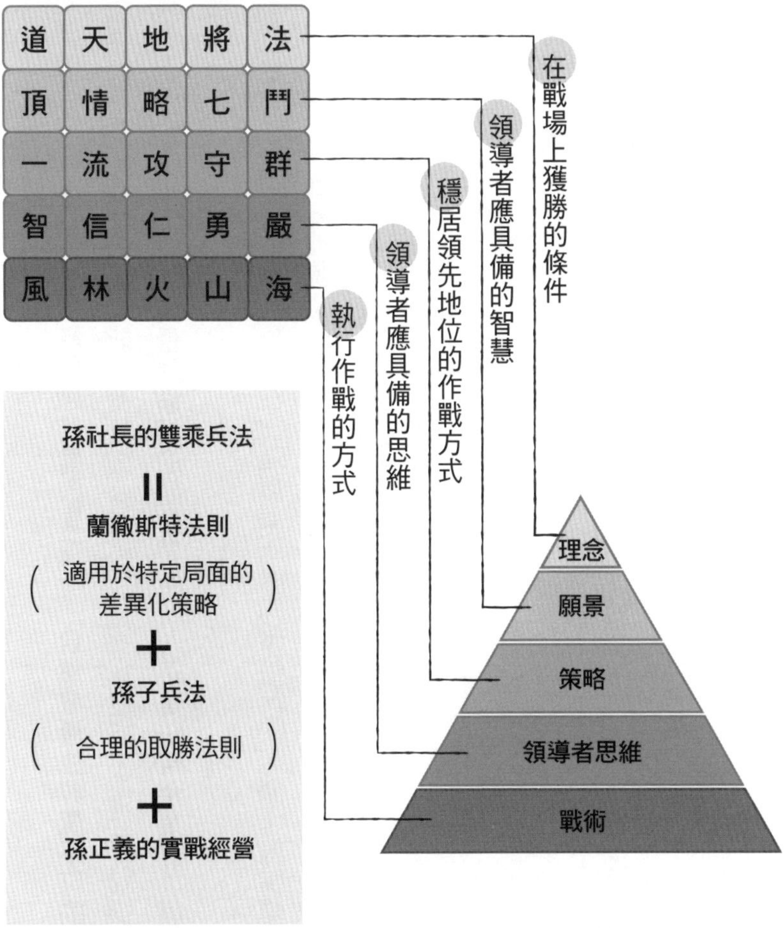

註：關於孫正義雙乘兵法的詳細內容，可以參考收錄軟體學院開學典禮的影片（網址：http://www.ustream.tv/recorded/8563102）。

的領先地位時，隨時都可能被其他企業取代。

在商業競爭中，**一旦「坐穩該領域的龍頭寶座」，自然會產生非贏不可的氣勢，不輕易接受失敗**。如此一來，便能像微軟或Google一樣，創造出業界共同依循的標準。事實上，孫正義指出的**「坐穩該領域的龍頭寶座」，正是任何企業得以領先群雄的策略關鍵**。

一般都認為，經營者的薪資應落在「基層員工×二十倍」的範圍，但媒體曾在二〇一五年六月公布，過去被視為孫正義接班人的印度裔前任副社長，短短半年的薪水就高達一百六十五億日圓。由此可以看出，龍頭企業給予員工的報酬果然有很大的差別。

確立自家公司的成功要素，再決定各要素的比重

許多企業為了盡早擺脫孱弱的經營體質，會模仿成功企業或組織實行的各種策略。當然，將這些策略全部付諸實踐，讓企業得以脫胎換骨，是最理想的狀況。然而，現實往往不盡人意，想實踐每一項策略是非常困難的。因此，孫正義提出「企業應設法坐穩該領域的龍頭寶座」這樣的方向。

請各位回想求學時當考生的那段時期。當總分必須達到一定分數時，得努力研讀所有科目。若想有效地拉高分數，則會鑽研擅長的科目，或是設法減少不擅長的科目。這樣的概念也可以套用在經營管理上。

根據達成經營目標的過程能投入多少資源（包含人員、物品、金錢、資訊、時間、專業技術），決定將資源投入擅長的領域，或減少不需要的投資。換句話說，就是**必須考量執行策略的優先順序**。

為了達成目標，企業必須思考要實行什麼策略，才能朝成功邁進。舉例來說，IKEA的成功要素有五項，這些要素也確實轉化為顧客滿意度。

> 我要再次強調，只要滿足顧客的基本需求，並且以優於競爭對手的方式加以實現，無論任何事業都能獲得成功。（引自《IKEA模式為何能進駐世界》）

IKEA前任CEO安德斯·戴爾維格之所以費盡唇舌地反覆強調，其中必定蘊含深奧的道理。如前所述，IKEA的成功要素可以歸納為下列五項：

①壓倒性的成本效益比。
②IKEA獨有的限定商品。
③解決居家問題的能力。
④商品齊全的便利性。
⑤前往賣場採購的樂趣。

由於具備這五項要素，IKEA在顧客心目中建立獨一無二的地位。問題是，如何讓這五項要素都達到最高標準呢？

「四格」必須維持平衡

有位經營者指出，未必所有成功要素都要達到最高標準。

> 所謂的四格，是指品格、價格、店格和人格。我認為，讓這四格相互取得平衡是很重要的。（中略）這裡的平衡，是指當品格為一〇〇時，價格為九〇。也就是說，相較於商品的品質，價格應設定在略低於一般行情的區間。店格應設定在略高位置為一二〇。此外，和服務有關的人格，必須設得更高為一五〇。像這樣將四格設定為一〇〇、九〇、一二〇、一五〇的平衡狀態，是最能獲得顧客認同的黃金定律。（引自《FRESHNESS BURGER 親手打造的創業紀錄》）

如同日本連鎖速食店 FRESHNESS BURGER 創辦人栗原幹雄主張的四格平衡，只要確實掌握自家企業各項優勢的比重，就容易建構出獲利機制。

在任何領域成功的人，必定都很清楚自己的優勢，而且能夠善加運用。（引自《FRESHNESS BURGER 親手打造的創業紀錄》）

事實上，FRESHNESS BURGER 的四格，和前述IKEA的五項成功要素極為類似。

- **藉由獨有的手作感帶出商品的品格**≒②IKEA獨有的限定商品。
- **品質比其他品牌連鎖店更好，所以價格也略高**≒①壓倒性的成本效益比。
- **能夠令顧客放鬆的店格**≒④商品齊全的便利性、⑤前往賣場採購的樂趣。
- **待客服務比員工手冊所指導的更周到，創造出眾的人格**≒③解決居家問題的能力。

由此可見，善用自家企業的優勢，是強化經營管理的關鍵。

從這兩家企業的相似性來觀察，便可發現如同栗原幹雄主張的，各項成功要素的比例未必要一致，用一〇〇、九〇、一二〇、一五〇的比重加以分配，是很好的做法。這種分配比重的概念，可以用「5WAY」這個策略理論來說明。

案例：LINE高成長的關鍵，不是擬定預算而是……

星野集團董事長星野佳路奉行的經營指標當中，有一項稱作「Five Way Position」（以下簡稱5WAY）。這個概念在《實踐競爭優勢的策略》中有非常詳細的介紹。

在**①價格、②服務、③通路、④商品、⑤經驗價值五項經營要素中，最理想的分數比例為「五・四・三・三・三」**。換句話說，只要有一項要素達到五分，還有一項和其他企業有差異即可（達到四分）。其餘三項則只要達到業界標準（三分）就算過關。這便是5WAY的思考模式（見圖表37）。

星野佳路接觸到這個策略理論後，體悟到**「只要取得五、四、三、三、三的分數，就能在業界穩居領先地位」**。

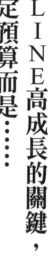

圖表37 實現競爭優勢的 Five Way Position

消費者會如何接近企業？
塑造獲利體質的條件！
此分數只需1項
此區也是1項
其餘3項需達業界標準
不可出現這種分數！

		Five Way Position				
		❶ 通路	❷ 服務	❸ 價格	❹ 商品	❺ 經驗價值
5分	**選擇**（市場支配等級）	提供解決對策	提供客製化服務	提供代理服務（讓顧客放心委託企業代理購物）	給予刺激和感動	建立獨特的緊密關係
4分	**喜好**（差異化等級）	顧及便利性	提供使用教學	價格固定，不任意波動	品項豐富，選擇多樣	關注顧客需求
3分	**接受**（標準等級）	簡單易懂	考慮使用便利性	明確的價格設定	商品或服務值得信賴	讓顧客尊敬
2～0分	**無法信任**（不及格等級）	讓顧客久候	因使用而造成危險	模糊的價格設定	品質低落，不堪使用	令顧客覺得難以忍受

焦躁難耐！
怎麼回事？
為什麼？
這樣不行！
把客人當什麼？

出處：根據《實現競爭優勢的策略》52頁改寫而成。

每位經營者都會面臨「資源有效性」這項難題。我則是因為看到「在五項要素當中，只要有三項達到業界標準即可」這段文字，獲得積極面對的勇氣。（引自《實現競爭優勢的 Five Way Positioning 策略》）

5WAY提出嶄新的主張，那就是「即便不是所有要素都處於領先優勢，也足以在業界勝出」。

對於後期才進入市場的企業而言，要在所有項目都取得高分，原本就是不可能的事。但若只是要達到「五・四・三・三・三」的分數，或許不是遙不可及。5WAY理論強調的競爭優勢來自於：

消費者會依據企業的「總分」進行判斷。（引自《實現競爭優勢的 Five Way Positioning 策略》）

5WAY的理論基礎可以簡化為下列幾點：

- **所謂的商業買賣，原本就是一項交易。**
- **在商場中必定存在交易對象（包含買家、賣家、交易的商品或服務等）。**
- **顧客只要感受到共通的價值觀，便願意交易。**
- **交易是商場不可或缺的前提條件，而其中存在五項要素。**

在價格、服務、通路、商品、經驗價值這五項經營要素中，必定有一項會成為消費者的「選擇要素」，還有一項是消費者的「喜好要素」，其餘三項則只要符合業界標準即可。如此一來，消費者便樂於進行交易，成為企業的顧客，而企業則可以取得該領域的領先優勢。

消費者追求的是價值，例如信任、尊敬、誠實、高尚、有禮貌、不矯作的態度，都可稱為**「現代商用貨幣」**，只要以這些貨幣搭配商品或服務，消費者自然樂於成為顧客，並進一步轉變成忠實顧客（見圖表38）。

基於上述五項要素建立經營機制，便能創造出這些現代商用貨幣，而藉由數字管理該機制，正是經營者肩負的任務。不過，若只是以數字進行管理，有時很難避免錯誤發生。特別是思考計畫當中的數字時，更應留意星野佳路的提醒：

> 經營者必須瞭解，計畫可能造成行動或判斷上的失序。（引自《哈佛商業評論》二〇一五年二月號）

令人感到意外的是，近期表現傑出的公司，往往都有忽視計畫或預算等數字的傾向。

如同星野佳路指出的，許多企業確實會擬定不適當的計畫或預算，但和他抱持相同觀點的經營者也不在少數。

公司成長不需要計畫

LINE前社長森川亮也認為，企業不需要擬定計畫。針對可預見的未來訂定短

圖表38 商業買賣就是和顧客進行交易

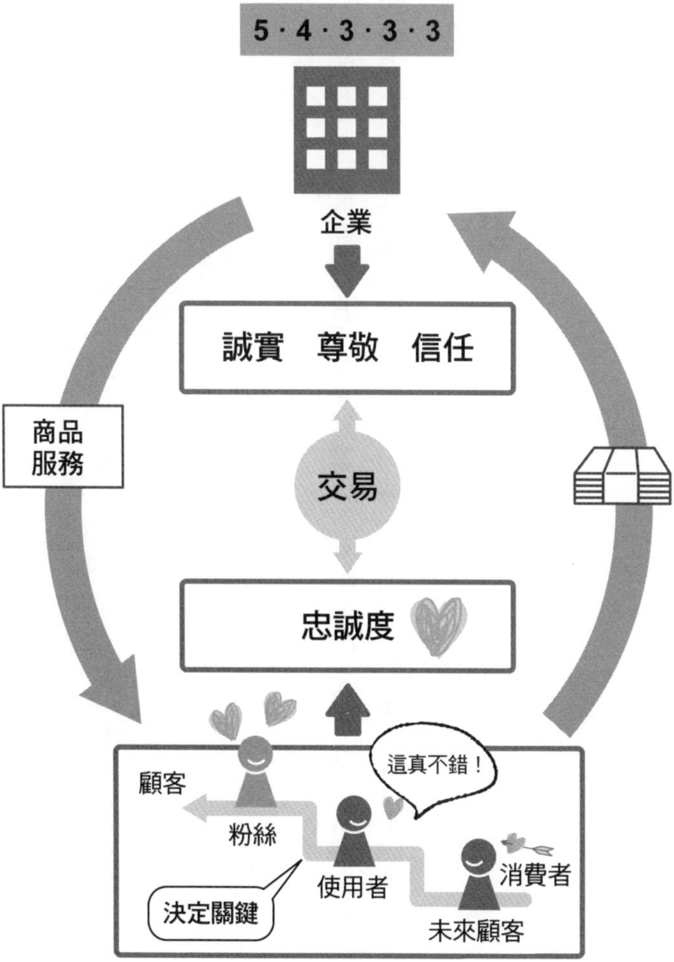

期計畫，他提出以下論點：

> 即使訂出計畫，未來並非再三思考就能精準掌握，因此無法確保計畫的正確性。既然如此，將擬定計畫的時間用來開發新商品還比較實際。（引自《哈佛商業評論》二〇一五年二月號）

森川亮的結論是**「公司成長不需要計畫」**。簡單來說，這句話可解釋為雖然數字能提升說服力，但可能導致過於拘泥數字的情況，因此必須謹慎看待預算和計畫當中的數字。

此外，稻盛和夫也表明：「企業根本不需要編列預算。」

我個人至今從未實行過編列預算的制度。因為無論是增加人力或增設分店的相關支出，即使過程均能按照計畫持續進行，最關鍵的營業額往往無法如計畫般增加。（引自《稻盛和夫的實學：經營與會計》）

稻盛和夫強調：「預算只會不斷消耗，而不會有所增長，因此從一開始就不需要編列。」

那麼，應該用數字來管理什麼呢？針對這樣的疑問，星野佳路做出以下的回答：

數字管理的重點在於過程而非結果。（引自《哈佛商業評論》二〇一五年二月號）

本書反覆強調，營業額、成本、利潤等數字頂多只能視為結果。就營業額（＝客單價×顧客數）而言，其組成要素：客單價、顧客數，以及隱藏在其中的回客率、邊際收益、市佔率、周轉率、坪效、周轉金等要素交互影響，才能構成營業額這項數字。

若缺少這樣的認知，只是不斷提出要求，例如：提升營業額、降低成本、提高利潤等，往往很難產生成效。經營者必須深入鑽研，例如將營業額分解為「單價×數量」後，就會發現「客單價×顧客數」這樣的關係。

如果繼續深入檢視，便能瞭解各項數字的增減，是受到未來的顧客和創造獲利的員工所影響，他們的價值觀、共鳴和感動，正是構成營業額等數字的要素。

也就是說，想追求「將營收提升至極限，將成本壓至最低，利潤自然就會產生」這樣的結果，必須**瞭解潛藏在其深處的要素，藉由數字掌握消費者和員工產生共鳴的過程**。

以計畫為例，並非只是單方面由上層給予指示，而是要創造讓執行者也能產生共鳴的機制，貫徹松下幸之助強調的「上意下達，下意上達」才行。只要使所有參與者產生共鳴，就能讓每個人自動產生「我希望這麼做」的正向反應。

簡單來說，實行計畫時只需保留絕不可省略的大方向，其餘細節則可全權交由計畫執行者自行處理。

「Five Way Position」和平衡計分卡

如同許多企業先進指出，5WAY策略理論和平衡計分卡其實十分類似。我認為就平衡計分卡裡的顧客觀點而言，在5WAY裡則是將未來顧客也包含在內，以更廣義的角度加以解釋。

這兩種理論有一項共通點，那就是不只著重營業額這類財務觀點，而是注意各種非財務指標，並檢視何種商品或服務能創造出更好的績效，進而強調將策略目標和數字合在一起思考的重要性。

另一方面，在5WAY裡可以發現平衡計分卡缺少的特色：

- **5WAY具有以優先順序來掌握數字的架構。**
- **5WAY主張，要關注提供商品或服務的過程，透過創造差異化來爭取顧客。**

比方說，在「通路」的項目中，會顯示店鋪位置和購買的方便程度等。實際上，也有因為網頁清晰易懂，促使營收增加的例子。以身邊的通路為例，亞馬遜購物網站運用「一鍵下單」（One Click Ordering）的方式，讓顧客只要按一下滑鼠，就能輕鬆購買商品。這便是提升購物便利性的方法。

此外，5WAY也會運用前面提過的「五・四・三・三・三」評分方式，來判定應如何提供商品或服務，藉此抓住未來顧客。相對地，平衡計分卡則以包含顧客觀點在內的四項觀點，搭配非財務指標，均衡地檢視各項數字。

由此可見，5WAY和平衡計分卡雖然各有特色，但兩者並非各自獨立，而是關係密不可分的經營管理工具，也是帶領企業成為業界龍頭的必備武器。

想強化經營管理，必須建構以數字管理營業額、成本和利潤的機制，並擁有經營管理的工具。

一旦試著瞭解數字的必要性，便能察覺許多事。雖然過程中會出現令人費解的疑問：「每項數字都一定得是第一名嗎」，但只要企業在某個領域中競爭，就絕對不能屈居第二，**無論如何，至少必須在某個項目取得領先優勢**。

只要透過5WAY策略理論，便能理解以上論述的重要性。

彼得・杜拉克的管理學特質：像鳥俯瞰全局、蟲敏銳觀察、魚掌握細節

伊藤洋華堂創辦人兼7＆I控股公司名譽董事長伊藤雅俊，過去曾受到管理學家彼得・杜拉克的熱情款待。他在自己的著作《伊藤雅俊的經商之道》中回憶起這段經歷，並指出彼得・杜拉克具備透視公司的銳利「蟲眼」、俯瞰社會的「鳥眼」，以及絕不遺漏任何時代變化的「歷史之眼」。

其實，伊藤雅俊和彼得・杜拉克有一項令人意外的共通點，那就是都曾經歷過戰亂。彼得・杜拉克是猶太人，從兒童到青年時期都在德國生活，在這段期間裡，第二次世界大戰爆發，希特勒率領的納粹黨開始迫害猶太人，他為了躲避迫害，遠渡重洋來到美國。伊藤雅俊同樣在少年時期經歷過戰亂，而體認到「人類無力抵抗歷史洪流」的道理。

正因為這樣的經歷，他們兩人都擁有**「事先做好因應任何狀況的覺悟和準備」**、

「未雨綢繆」的強烈認知。

未雨綢繆的重要性

經營的英文是「Management」，蘊含「妥善處理各種事務」的意思。企業經營不可能總是一帆風順，沒有人能夠預知未來，事先掌握何時會發生什麼樣的狀況，因此更應該未雨綢繆。

人們的共同煩惱，是不知如何面對接踵而來的未知狀況。想消除這種煩惱，必須設法讓未來變得更明確，同時準備好各種因應對策。

經營者應善用數字，建構預測未來的機制，這正是管理會計的本質。在看過許多上市公司和事業重整的案例後，我深深體悟到，**強大企業的經營者都瞭解，未雨綢繆必須建立在對數字的高度認知上**。

伊藤雅俊能以他一手創立的超市伊藤洋華堂為起點，逐步擴展規模，轉變為7&I控股公司如此龐大的集團，其原因之一就是，未雨綢繆的意識已遍及組織的每個角落。他認為，對於管理企業的經營者而言，除了必須提高察覺危機的能力，也得像彼得・杜拉克一樣，擁有蟲眼、鳥眼和歷史之眼這三種觀察力。

光從字面上來看，或許無法瞭解這三種眼睛代表的意義。以下我以個人觀點搭配生物的概念來解釋（見圖表39）：

- **俯瞰整體並掌握概況，稱為「鳥眼」。**
- **敏銳觀察事物，掌握每項細節，稱為「蟲眼」。**
- **徹底檢視狀況變化，迅速掌握趨勢動向，稱為「魚眼」。**

建構出獲利機制的經營者，必定具備這三種眼睛，能夠隨時隨地掌握經營狀況。只要具備這種能力，無論任何困難都能克服。

大數據之所以受到重視，也是基於相同的原因。雖然有人認為這樣還是無法準確地預測未來，但也有人認為，如此便足以在某種程度上掌握未來的變化。這個論點是來自名為「現實治療法」（Reality Therapy，編註：由美國心理學家威廉・葛拉瑟〔William Glasser〕創立的一種心理治療與輔導方法）的心理學理論。

該理論指出，人的所有行動都經過選擇產生，因此只要能預測對方的選擇，便可

圖表39 具備鳥眼、蟲眼和魚眼

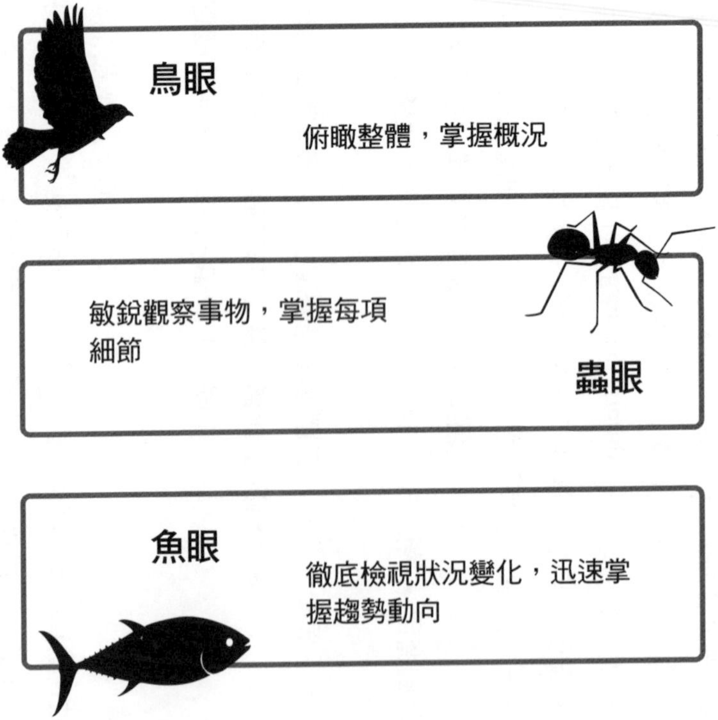
鳥眼
俯瞰整體，掌握概況
敏銳觀察事物，掌握每項細節
蟲眼
魚眼
徹底檢視狀況變化，迅速掌握趨勢動向

強化經營管理的祕訣

透過鳥眼、蟲眼、魚眼來檢視數字。

設法滿足對方的需求，進而促使對方的行動產生變化。也就是說，企業只要分析既有的購買數據，便能提前掌握顧客的需求，並提供實現對方願望的商品或服務，提升自家企業的營收。這樣的思維正是各家企業開始運用大數據的背景。

實際上，7＆I控股公司持續運用POS系統，來取得各種重要數據。擁有獲利體質的企業都懂得善用數據，同時深知解析數據的技巧，所以才能屹立不搖。

各位不妨想想，自己所處的公司或組織，是否懂得善用各種經營管理必備的數據？而你是否擅於解析這些數據呢？

想要有效率地經營管理，本書介紹的**各項數字涵義，以及隱藏在這些數字背後的各種真相**，都是非常重要的參考內容。

首先，各位不妨從平日容易接觸到的經營管理資料開始檢視，確認自己是否真正理解各種數字代表的意義。如果有不明白的地方，就要放下身段，主動向主管或朋友請益。

日本有句諺語：「求教只是一時之恥，不問卻是一生之恥。」對不甚瞭解的事物置之不理，就和知而不行一樣，終將招致失敗。

案例：日產汽車從倒閉邊緣復活，靠的是ＣＦＴ重建計畫

日本航空、日產汽車等知名企業，近年都致力於開發行銷創意，以求業績能夠谷底反彈。成功重建日產汽車的卡洛斯．戈恩所奉行的經營管理祕訣，可以用下面這句話來闡明：

> 當經濟處於極度混亂的時期，經營者必須不斷觀察和分析。（引自《日產文藝復興》）

卡洛斯．戈恩經常把「觀察和分析」掛在嘴邊，他運用「**跨職能團隊**」（Cross-functional Team，縮寫為ＣＦＴ）這個機制來支撐他的事業重建計畫。

首先，針對看似很難處理的問題，設定共通目標，接著召集不同職位的員工一起腦力激盪，討論對策並加以實踐。換句話說，就是透過數字掌握目標達成度，不斷觀察和分析，再實際執行。藉由**加快「PDCA循環」，也就是「Plan（計畫）→Do（執行）→Check（查核）→Action（矯正）」**，便能塑造強健的企業體質。這就是CFT的架構。

在卡洛斯．戈恩的「日產復興計畫」當中，明確擬定「以推廣事業、改善收益、降低成本」的共通目標，同時將權限交給指定的計畫負責人，並設定具體的數據目標。另一方面，設定截止期限，為了嚴守目標達成期限，徹底運用數字控管目標，這就是CFT的精髓。

由於各種檢查作業均已流程化，因此能夠確實掌握團隊進度，並依據對進度的貢獻給予評價。如此前所未有的創意管理方式，使CFT獲得好評。而且，對於特別重要的目標，則向全公司公開執行進度，藉此讓每位員工產生目標意識，同心協力突破眼前的難關。這也是CFT可達成的效果。

稻盛和夫曾表示，想實踐「將營收提升至極限，將成本壓至最低，利潤自然就會產生」這個獲利法則，就要讓各項經營數字變得一目瞭然，設法使全體成員一起朝目標努力。

若規則簡單，所有員工就容易理解，並進一步參與經營。此外，只要徹底實行這些規則，便能提升經營數字的精準度。（引自《阿米巴經營的實踐之道》）

Soup Stock Tokyo社長遠山正道也抱持相同的看法：

為了使企業產生積極向前的氛圍，我在用字遣詞上下足工夫。例如，將重視顧客數的促銷方式稱為「胖虎」，重視客單價的促銷方式稱為「小夫」，兩者兼顧的促銷方式則稱為「哆啦A夢」。（引自《用湯品打天下：商人打造的Soup Stock Tokyo》）

無論是京瓷名譽董事長稻盛和夫，還是經營湯品專賣店的遠山正道，即使事業規模遠勝於其他企業，他們對數字始終秉持「Simple is the best」的原則。這正是運用數字時不變的原則。

業餘人士總會將問題複雜化，專業人士則追求簡潔明確。（引自《日產文藝復興》）

這是某位神父說過的話，對卡洛斯．戈恩的人生產生很大的影響。

我再次強調，**在簡單易懂的機制裡，蘊含著強化經營管理的本質。唯有具備全員共同努力所必備的獲利法則和數字理解力，團隊才能變得無堅不摧。**

忽視數字或將數字視為兒戲的企業，絕對無法擺脫孱弱的經營體質。唯有善用必要的數字，建立任何人都能理解的準則，才能真正建構出強大的獲利機制。

開始訂計畫！因為只要有目標，就會為達成目標而行動

雖然本書提及許多不同的數字檢視法，但沒有必要全部實行。想要強化經營管理，可以從本書介紹的數字中，挑選出符合自家企業需求的項目，當作工作重點，並定期檢視。舉例來說：

- （製造業）想改善生產管理→「不良率」＝不良數量÷生產數量
- （零售業）想提高生產效率→「單位時間銷售數量」＝銷售數量÷實際工時
- （醫院診所）希望提升運轉率→「病床使用率」＝住院患者總人數÷實際使用病床數

持續關注經營管理必備的數字，是非常重要的。只要運用數字，便能在重大變化

發生前先察覺，迅速採取因應對策。

在擬定對策時，必須同時運用幾種不同的數字，並定期檢視和目標管理有關的每一項數字變化。不應只關注營業額等單一數字，因為光注意某一項數字，無法掌握整體經營狀況（參閱第4課ROA和ROE的相關說明）。

強化經營管理的要訣在於，充分理解如何檢視與運用各項數字。因此，企業應準備幾項和自家公司密切相關的數字，定期檢視，並搭配經營管理必備的各種工夫，才能塑造出獲利體質。

舉例來說，假設以提升營收為最優先目標，某些企業可能會做出「儘管賣就對了」的指示，但這就像教練要求選手跑快一點，不具任何意義。樂天集團社長三木谷浩史曾提出以下看法：

> 如果缺少適當的目標，即使從事改善也毫無意義。（引自《成功的概念》，三木谷浩史著）

若希望選手跑得更快，教練就要徹底分析該改善哪些部分，提出具體的改善方向，例如「步伐幅度再增加一公分，揮臂幅度再增加五公分」。這便是三木谷社長強調的重點。

馬拉松跑者必定都非常贊同這個論點。有些跑者為了提升速度，一味增加練習時間，但這很難讓跑者刷新紀錄。相對地，設定「四小時內跑完全程」這類不好高騖遠的目標，或是適當地加入間歇訓練或坡道衝刺等練習方式，反而更容易打破紀錄。這是因為當目標達成時，執行者能從中獲得自信與喜悅，進而產生挑戰下一個目標的動力。

想使擁有自主意識的人確實行動，就應給予適當且可實現的目標。只要運用數字，建立灌注熱情的目標管理機制，便能大幅拉開和其他企業的差距。

KGI、CSF、KPI

想塑造獲利體質，必須循序漸進地設定目標管理的內容。

首先，可藉由數字明確設定，**KGI**（**Key Goal Indicators，關鍵成果指標**），

例如「營業額比前一年提升三％」。接著，為了達成ＫＧＩ，應設定更細膩而具體的目標，也就是所謂的**ＣＳＦ（Critical Success Factors，關鍵成功因素）**，例如「為了提升營收，需進行〇〇業務活動」。

最後，用**ＫＰＩ（Key Performance Indicators，關鍵績效指標）**，進一步管理並掌握ＣＳＦ。

透過這種系統化的目標管理機制，就能朝向必須達成的**企業承諾**邁進，並定期檢視必要數字。說得更簡單一點，想達成遠大的目標，就應從各種小課題著手，也就是連結宏觀與微觀的數字，以此建構獲利機制。

「三月底決定好銷售區域」、「至少聯繫銷售區域內的客戶人選三次」、「聯繫需依照電話、信件、拜訪三階段進行。」像這樣設定提升業績必備的業務活動目標，並加入期限、次數、步驟等明確數字，確實獲得顧客的認同，讓所有執行者共同掌握並管理目標執行進度，便能打造堅強的團隊戰力。

如何設定目標，以什麼樣的標準來衡量執行狀況，是決定成敗的關鍵。換句話說，**重點在於，能否盡可能以數字呈現邁向成功的過程**。

要將數字當作溝通工具，促使執行者起身行動，就必須給予適當且可實現的目標，並以數字檢視目標達成過程。這種運用數字的能力，是塑造獲利體質的根源。簡單來說，**選擇何種指標作為KPI**，是企業能否穩居領先地位的關鍵。

如同行為經濟學指出的：「**人只要有目標，就會為了達成目標而採取行動**」，強大的企業或組織會將必須達成的具體目標，交給團隊裡的人才。而在進行這一切之前，必須先從掌握現況做起，並且預測未來可能碰到的狀況。一旦發現目標和現況落差過大，應立即做調整。

在這樣的過程中，唯有用數字來顯示具體目標，才能將團隊成員培育為「人財」。當成員自動產生「交給我吧」的想法時，就能帶來營業額和利潤，使經營狀態產生良性循環。

引導這種良性循環出現的機制，便是PDCA循環。要使「Plan（計畫）→Do（執行）→Check（查核）→Action（矯正）」的循環順暢運作，關鍵就在樂天集團社長三木谷浩史提出的「當事者意識」裡。

當事者意識會改變人對事物的看法，只要抱持這種意識投入工作，效率自然就會提升。因此，擁有當事者意識的人，能從俯瞰的角度來檢視各種事物。（引自《成功的概念》）

三木谷浩史的這個論點，和第4課說明的「經營必須重視周轉與運作速度」不謀而合，當員工擁有「工作是為了實現自我」這樣的當事者意識時，便能加快經營管理的運作速度。

換句話說，當執行者擁有明確的工作目標，並具備當事者意識時，就能從俯瞰的角度掌握整體經營狀況。如此一來，便會產生許多對工作的想法，例如：「這是什麼？用什麼來做？有什麼意義？」等，抱持顛覆一般常識的觀點，獲得嶄新的發現與突破。

開發出噴墨印表機的Canon前常務董事齋藤敬曾說：「**所謂的經營，就是釐清本質為何，然後將其徹底釋放，再收斂起來。**」這段理性的敘述令我莫名佩服。

如同齋藤敬的這句話，做事必須釐清本質，加以選擇並進行挑戰。當本質逐漸明朗後，執行者可以提出各自的意見並相互激盪，再運用PDCA循環仔細檢視，然後達成收斂後的本質。這就是經營管理必經的過程。

運用管理會計時，應以鳥眼俯瞰整體，以蟲眼掌握細節，朝向共通目標邁進，並選出幾項必須注意的重要數字定期檢視，再搭配魚眼來觀察過程的變化。

透過鳥眼、蟲眼、魚眼這三種觀點，可以充分檢視經營狀況，同時引導具備當事者意識的執行者，仔細檢視各項數字的關聯。建構出這樣的經營機制，才能使資金不虞匱乏。

若你是經營者，就應描繪企業願景，若你是管理高層或實際執行者，則應以數字編織夢想，再用KPI來檢視。能否明確規劃夢想，將決定企業能夠抵達的高度。

唯有賦予數字價值，數字才能真正產生意義。讓數字擁有意義，進而提升獲利，是企業經營者肩負的任務。

在本書的最後，我想和各位分享一句話：

「Brevity is the soul of wit.」（簡潔是智慧的精華。）

這句話節錄自莎士比亞的代表作《哈姆雷特》。用數字呈現撼動靈魂的夢想，簡潔有力地分享傳遞，正是強化經營管理的祕訣。

重點整理

- ☑ 企業不應只關注營業額和利潤等顯示結果的數字，更應檢視在產生結果的過程中，這些數字有何變化。
- ☑ 平衡計分卡透過財務、顧客、業務流程、學習成長這四項觀點，來描繪企業願景，是最適合建構整體策略的經營管理工具。
- ☑ 依據5WAY的五項要素進行評比，就能掌握競爭優勢。
- ☑ 運用KGI、CSF、KPI，有系統地進行目標管理，便可建構獲利機制。

編輯部整理

NOTE

NOTE

NOTE

NOTE

NOTE

國家圖書館出版品預行編目(CIP)資料

LINE、星巴克教你成爲 1% 的賺錢公司：只要學會一個動作，就能創造10倍的驚人成長！／村井直志著；石學昌譯 -- 臺北市：大樂文化，2021.08
320面；148×21　公分. --（Biz；81）
譯自：3000 社の決算書を分析してきた会計士が教える経営を強くする会計7つのルール
ISBN 978-986-5564-23-0（平裝）
1.企業經營
494.1　　110005303

Biz 081

LINE、星巴克教你成為 1% 的賺錢公司

只要學會一個動作，就能創造 10 倍的驚人成長！

（原書名：LINE、星巴克創造 10 倍淨利的獲利公式）

作　　者／村井直志
譯　　者／石學昌
封面設計／蕭壽佳
內頁排版／思　思
責任編輯／詹靚秋
主　　編／皮海屏
發行專員／呂妍蓁、鄭羽希
會計經理／陳碧蘭
發行經理／高世權、呂和儒
總編輯、總經理／蔡連壽

出 版 者／大樂文化有限公司（優渥誌）
地址：新北市板橋區文化路一段 268 號 18 樓之 1
電話：(02)2258-3656
傳真：(02)2258-3660
詢問購書相關資訊請洽：(02)2258-3656
郵政劃撥帳號／50211045　戶名／大樂文化有限公司

香港發行／豐達出版發行有限公司
地址：香港柴灣永泰道 70 號柴灣工業城 2 期 1805 室
電話：852-2172 6513　傳真：852-2172 4355

法律顧問／第一國際法律事務所余淑杏律師
印　　刷／韋懋實業有限公司

出版日期／2017 年 4 月 24 日
2021 年 8 月 30 日二版
定　　價／320 元（缺頁或損毀的書，請寄回更換）
I S B N　978-986-5564-23-0

大樂文化

大樂文化